风景园林规划与设计研究

孔令琛　杜　辉　主编

延边大学出版社

图书在版编目（CIP）数据

风景园林规划与设计研究 / 孔令琛，杜辉主编. --
延吉：延边大学出版社,2023.11
　　ISBN 978-7-230-05883-4

　　Ⅰ．①风… Ⅱ．①孔… ②杜… Ⅲ．①园林－规划－
研究②园林设计－研究 Ⅳ．①TU986

　　中国国家版本馆CIP数据核字(2023)第216987号

风景园林规划与设计研究

主　　编：孔令琛　杜　辉
责任编辑：王治刚
封面设计：文合文化
出版发行：延边大学出版社
社　　址：吉林省延吉市公园路977号　　　　邮　　编：133002
网　　址：http://www.ydcbs.com　　　　E-mail：ydcbs@ydcbs.com
电　　话：0433-2732435　　　　　　　　传　　真：0433-2732434
印　　刷：三河市嵩川印刷有限公司
开　　本：710×1000　1/16
印　　张：12
字　　数：200 千字
版　　次：2023 年 11 月 第 1 版
印　　次：2024 年 1 月 第 1 次印刷
书　　号：ISBN 978-7-230-05883-4

定价：65.00元

前　　言

　　在现代城市发展过程中，在经济效益的驱动下，很多城市出现了众多环境问题，如水污染、雾霾等，这些环境问题让人们意识到了环境对生产与生活的重要性。为了经济社会的可持续发展，人们开始重视城市的生态文明建设，致力于城市的生态建设，而评判一个城市生态建设效果的重要标准就是风景园林建设程度。因此，风景园林规划设计会直接影响整个城市的生态文明建设，影响城市建设中的生态效益，甚至会影响城市的可持续发展。可见，做好风景园林的规划与设计工作，有助于推动城市的生态文明建设。

　　随着我国经济的高速发展及科学技术的突飞猛进，城市化建设的进程进一步加快。与此同时，由于国际社会对生态环境越来越重视，促使各国加大了改善城市环境的力度。因此，整个社会对风景园林规划设计的需求增加，这为我国风景园林设计相关行业的发展带来了契机。但我国风景园林设计相关行业在发展中也暴露出了一些问题，比如对设计质量的管控不严，在追求数量的过程中忽视了风景园林设计的质量，设计的创新性不足等，致使风景园林景观千篇一律。一些设计者极力追求花哨的设计，忽略了风景园林规划设计的科学性及合理性；还有一些设计者对整个城市的社会文化和人文的协调可持续发展考虑不足；等等。上述问题会在很大程度上造成相关工程项目建设用料的浪费，最后导致园林景观不能满足人们的期望和需求。

　　通过调研分析可知，导致上述问题的主要原因是设计者没有正确处理传统园林理论与现代园林理论的关系。我国传统园林理论早已自成体系，源远流长，而现代园林理论的出现仅有短短的几十年。这两种园林理论在发展时间上有着巨大的差距，很多设计者难以很好地将两者进行融合，因此一些现代风景园林的规划设计往往没有灵魂。

笔者认为，在规划设计园林景观时，设计者要注重挖掘当地的历史文化。设计人员可深入了解、挖掘当地比较著名的人文传说和历史人物，将其灵活地融入园林景观中。一般情况下，各地区的人们对当地的地方文化有着强烈的认同感和归属感，在园林景观中融入当地文化，使景观具有一定的文化元素，能够丰富当地的人文环境。

在风景园林的规划与设计中，空间布置和空间序列的安排对景观具有决定性作用。只有合理利用空间，科学规划景观序列，才能增强景观布局的合理性，获得更好的视觉效果。我国传统园林的空间布局独具匠心，设计人员可借鉴传统景观园林的空间布局特征，结合实际情况，科学设计景观布局，灵活运用空间。

动静结合是空间利用的极致状态，合理的空间布局要体现空间的动态美和静态美。因此，设计者在规划设计园林景观时要合理利用空间，最大限度地增加园林的绿化面积，呈现最佳的生态环境。此外，设计者在规划设计园林景观时还要结合城市的生态要求和当地的实际情况，以改善城市生态环境为宗旨，在经济迅速发展、城市化进程不断加快的大背景下，保证生态环境和谐。

本著作共分为六章，字数 20 万余字，由临沂市园林环卫保障服务中心孔令琛、杜辉担任主编，其中第一章、第二章、第三章及第四章第一节内容由主编孔令琛负责编写，字数 10 万余字；第四章第二节至第四节、第五章、第六章内容由主编杜辉负责编写，字数 10 万余字。在本书的编撰过程中，收到很多专家、业界同事的宝贵建议，谨在此表示感谢。

笔者

2023 年 8 月

目　录

第一章　风景园林规划设计概述

第一节　园林景观设计与规划

一、园林景观设计

园林是供人们休息、娱乐、学习的场所，也指按照美的原则，遵循自然规律，人为设计的艺术空间。园林是城市中的绿色氧吧，也是城市中环境优美的游憩空间，不仅为城市居民提供了休憩的场所，也为人们开展情感交流、文化鉴赏等活动带来了种种便利。总之，园林在美化城市面貌、平衡城市生态环境、调节气候、净化空气等方面均有着积极的作用。

常见的园林有规则式园林、自然式园林、混合式园林等。①规则式园林。整形式、图案式、几何式西方园林都属于规则式园林，以文艺复兴时期意大利台地园和法国平面图案式园林为代表。我国有祭坛（如北京天坛）、陵墓（如南京中山陵）等。规整式、几何式的园林景观气势宏大、庄严肃穆，令人肃然起敬。②自然式园林。自然式园林有风景式、不规则式、山水派园林几种。自然式园林以中国园林为主——无论是大型皇家苑囿还是私家小型园林都是自然式的。中国园林从唐代开始影响日本，18 世纪后半叶传入英国。③混合式园林。规则式园林和自然式园林相结合，且二者比例差不多，可称为混合式园林。绝对的规则式园林和绝对的自然式园林在现代生活中很难见到。

（一）园林景观设计的概念

园林景观设计是根据一定的目的和用途，在规划的原则下，围绕园林地形，利用植物、山水、建筑等园林要素创造出具有独立风格，有生机、有力度、有内涵的园林环境。或者说，园林设计就是对园林空间进行组合，创造出一种新的园林环境。这种园林环境是一幅立体的画，是无声的诗，它可以使游人感到愉快并能产生联想。

简单来说，园林景观设计就是通过人工手段，利用环境条件和构成园林的各种要素，再通过不同构景手法构造所需要的景观。园林景观设计的构成要素包括地形、建筑、植物、水体及园林设施等。园林构景的关键是有层次性，即以有限的空间造无限风景，从而使景观达到理想的艺术效果。

（二）园林景观设计的特点

1.多元化

园林景观设计构成元素较多且涉及多方面的问题，因而具有多元化特点，这种多元化特点体现在与园林景观设计相关的自然因素、社会因素的复杂性以及园林景观设计目的、设计方法、实施技术的多样性上。

与园林景观设计有关的自然因素包括地形、水体、动植物、气候、光照等，分析并了解这些自然因素之间的关系，是确定园林景观设计方案的关键环节。例如，不同的地形会影响景观的整体格局，不同的气候条件则会影响景观内种植的植物种类。

社会因素也会影响园林景观设计。园林景观设计是一门艺术，但与纯艺术设计不同的是，它面临着更为复杂的社会问题，因为现代园林景观设计的服务对象是社会大众。在现代信息社会，人们的交流方式日益多元化，并且随着科学技术的发展，人们对园林景观的使用目的、空间开放程度和文化内涵有着不同的需求，这些会在很大程度上影响园林景观的设计形式。为了满足不同年龄、不同受教育程度和不同职业的人对园林景观的需求，园林景观设计必然会呈现多元化的特点。

2.生态性

生态性是园林景观设计的第二个特征。无论在怎样的环境中造景，园林景观都与自然界有着密切的联系，这就必然涉及景观与人类、自然界的关系问题。在环境问题日益突出的今天，生态问题已引起景观设计师的重视。

著名园林设计师、规划师和教育家麦克哈格（I. McHarg）提出了"将园林景观作为一个包括地质、地形、水文、土地利用、植物、野生动物和气候等决定性要素相互联系的整体来看待"的观点。把生态理念引入园林景观设计领域，这意味着园林景观设计要尊重物种多样性，减少对资源的掠夺，保持水土营养和水循环，维持植物环境和动物栖息地的质量；尽可能地使用再生原料制成的材料，尽可能循环使用场地上的材料，最大限度地发挥材料的潜力，减少材料生产、加工、运输过程中的能源消耗，减少施工中的废弃物；要尊重地域文化。

例如，生态原则的重要体现就是高效率地用水，减少水资源消耗。因此，园林景观设计项目就需考虑利用雨水来解决大部分的景观用水问题，甚至要尽量做到完全自给自足，从而实现对城市洁净水资源的零消耗。

3.时代性

园林景观设计富有鲜明的时代特征，从过去注重视觉美感的中西方古典园林景观，到如今生态学思想的引入，园林景观设计的思想和方法发生了很大变化，这大大影响甚至改变了现有园林景观的造景艺术。现代园林景观设计不再仅仅停留于"堆山置石""筑池蓄水"层面，而是上升到提高人们生存环境质量、促进居住环境可持续发展的层面。

在古代，园林景观的设计多停留在花园设计的狭小天地，而今天，园林景观设计已延伸到更为广泛的环境设计领域，其范围包括：新城镇的景观总体规划、滨水景观带、公园、广场、居住区、校园、街道及街头绿地，甚至是花坛的设计等，几乎涵盖了所有的室外环境空间。如今园林景观设计的服务对象也有了很大不同。古代园林景观是供皇亲国戚、官宦富绅等少数统治阶层游览和观赏的，而今天的园林景观设计则是面向大众的。

随着现代科技的发展与进步，越来越多的先进施工技术被应用到园林景观建造过程中。人类突破了沙、石、水、木等天然、传统施工材料的限制，开始大量地使用塑料制品、光导纤维、合成金属等新型材料来制作景观造型。例如，塑料制品现在已被广泛地应用到公共雕塑、景观设计等方面，而各种复合材料则使轻质的、大跨度的室外遮蔽设计更易于实现。施工材料和施工工艺的进步，大大增强了景观的艺术表现力，使现代园林景观更富有生机和活力。

总之，园林景观设计是一个时代的写照，是当代社会、经济、文化的综合反映，这使得园林景观设计带有明显的时代烙印。

二、园林景观规划

（一）园林景观规划的概念及发展阶段

1.园林景观规划的概念

园林景观规划是指为了达到某些使用目的，将景观安排在最合适的地方和在特定地方最大限度地利用空间进行造景。

园林景观规划是 20 世纪 50 年代以来从欧洲及北美景观建筑学中分化出来的一个综合性应用科学领域，它不仅是景观建筑学的一个主要分支，也是地理学的一个重要研究方向。随着景观生态学向应用领域的发展，园林景观规划也逐渐成为其主要应用方向，并已形成园林景观生态规划方法体系。

我国园林景观规划研究起步于 20 世纪末，研究者对其来源和背景的认识尚有分歧，有的学者将园林景观规划与园林景观生态规划视为同义词，也常有学者将园林景观规划狭义地理解为风景园林规划。此外，由于目标和内容的相似，也常有学者将园林景观规划理解为土地利用规划，等等。

2.园林景观规划的发展阶段

园林景观规划的发展大致经历了三个阶段。

第一阶段，主要是以风景美为主题的景观规划设计。景观最初被认为是风景的代名词，景观规划也就是对自然景色的修正和改造，人们对景观的规划设计单纯地以唯美主义为准则，设计的目的是使自身所处的环境符合形式、线条、立体、对比、变化、色彩、和谐等美学标准。这在中国古典园林艺术中最为明显。

第二阶段，主要是人与自然对立的工业化景观规划与设计。随着社会生产力的发展，人类开始了大规模开发自然资源、破坏自然环境的工业化进程，出现了农业和工业景观。工业化景观强调的是人对自然的改造、征服，而不是人与自然的互利共生。这种理念导致工业城镇、高速交通系统等人文景观迅速取代、分割和污染了自然景观，极大地改变了自然景观的结构和功能。

第三阶段，即整体优化的景观规划与设计，把景观作为一个由不同生态系统共生整合而成的整体单元，着眼于景观的总体结构和格局（包括区域内所有景观类型单元，无论是自然的还是人文的），实现总体人类生态系统的最优规划与设计。同时还强调景观的资源价值、生态环境价值和社会文化价值，其目的是协调景观内部结构和生态过程以及人与自然的关系，使景观建设既美观又能保证生态的健康发展，同时也能满足社会经济发展需求，因而景观规划是一个多目标的综合规划过程。

（二）园林景观规划中主题与文化的表达

1.园林景观规划中主题与文化的意义

生态园林本质上是社会发展的产物，是城市绿化建设不可或缺的组成部分，在保护环境、促进城市可持续发展方面具有重要作用。园林绿化是指在某个区域内，在艺术概念的指导下运用一定的工程手段，如制造假山，造河，种植花草、树木等，改造该地区的地势、地貌；或巧妙利用该地区的地形、地势特点，通过一定的构思，将绿化植物与周围的建筑和道路巧妙地结合在一起，创造一个可供城市居民生活和休憩的优美场地。

园林本身具有良好的观赏性，人们在欣赏园林景观的时候，要通过观、品、悟等手段来理解其主题，领略园林景观的文化魅力。观，就是人们观赏视野范围内能看到的园林景观，这时人们最关注的是园景；品，是人们从审美情趣和思想感情的角度更加深入地感受园景，园林的美在主观上会变得更加立体；悟，是观赏的至高境界，即除视觉观赏外，还有品味、思考等环节。让前来观赏的人了解到园景的文化主题，这是所有园林景观设计师的追求。

2.古今中外园林景观规划中主题与文化的表现方法

（1）国外园林景观规划中主题与文化的表现方法

①美国园林。美国文化崇尚自由，所以美国的园林景观给人一种纯真、自然的感觉，在形式上讲究自由、开放，没有固定的表现形式，仅是基于自然来建设园林景观，核心为"自由"二字。

②日本园林。与美国园林相比，日本园林就显得比较精致，一草一木仿佛都是人工打造的。除了精细的设计，日本园林还能让观赏者获得简约、质朴的独特感受。例如，日本十大著名园林之一的栗林园，已有近400年的历史，是日本园林的象征，可体现出日本有别于他国的文化底蕴。

③法国园林。法国是一个浪漫的国度，再加上受到古典文化的影响，建造者常会通过现实主义的表现方式，将大量的文化内涵注入设计中，这对法国园林艺术的发展有着指导性意义。

（2）我国古代和现代园林景观规划中主题与文化的表现方法

我国是东方园林的发源地，不仅因为我国自然美景丰富，更得益于我国悠久的历史。与他国相比，我国园林有着更加多样化的表现形式。从一开始的园囿到清代的写意园林，每个时期的园林都是我国历史发展轨迹的载体。不难发现，我国园林讲究的是"意"，即象征与感觉，通过园林将某种"意"表现出来，又能做到物质美、精神美兼备。

在我国古典园林中，常用"以小衬大""欲扬先抑"和"以暗衬明"等设计手法，这些手法很好地表现了我国古典园林的自然美和艺术美。通过前后对比或衬托的方式，可以让观赏者自然而然地产生一种错觉，即原本并不十分漂亮的物体，与其他物体稍加对比就会变得十分迷人，原本并不复杂的景观也会变得韵味悠长。因此，我国古典园林的艺术价值是永恒的。

随着社会的发展，中外园林景观文化的长期交流、相互借鉴，为我国园林景观提供了更加丰富的形式、内容及创作灵感。随着时代发展，表现手法也变得丰富起来。

一是以人为本。以人为本的理念强调人与自然和谐发展，园林设计师应立足于人，考虑到观赏者的感受。园林表达的主题、呈现的文化思想，要尽可能与人们的审美情趣保持一致，不能忽略人文关怀元素。

二是丰富开放。现代园林的呈现形式以外向型为主，注重开放性，这为现代园林景观规划带来了新的方向。

三是关注自然。现代园林设计不能脱离自然，要采用多样的主题，与自然结合在一起才能认识到自然之美，进而运用艺术的方法保护自然，实现园林艺术的良性循环发展，最终更好地实现园林艺术的价值。

（3）现代造园设计理论和古典园林造园思想的关系

在古典园林造园思想的基础上，结合现代材料和先进技术，可以使现代园林变得更好。我国的造景设计理念大多源于古典园林的造园理论，近年来，在原有理论的基础上形成了全新的园林设计理念，其中也包含着古典园林造园思想的元素。现代园林设计师必须加大对古典园林造园思想的研究力度，只有对富有地域性景观的文化特征有深刻的领悟，才有可能设计出具有中国文化特色的现代风景园林。在设计现代园林景观的过程中，要深入挖掘古典园林造园思想的现实意义，将古典园林造园思想中的造园手法、空间布局技巧等运用到设计中，借鉴古典园林的造景方式，设计出具有中国特色的现代园林景观。

总的来说，现代园林景观设计不仅要继承和发展我国古典园林的造园思想，还要借鉴西方的景观设计理念，将二者完美地融合起来，促使我国现代园林景观设计更加丰富、多元。

3.园林景观规划中主题与文化表达需注意的问题

（1）因地制宜

每一个地域都拥有属于自己的特色文化，不同地域文化之间的差异性决定了不同地域的景观会有不同的意境特征，所以不同地域的园林景观基本不会出现完全相同的情况。纵观我国古典园林史，不难发现，"崇拜自然""对自然的畏惧""人与自然物我相融""借景抒情、寓情于景"等生态设计观念早已在古人那里得到运用。同时，古人还留下了大量的造园理论、思想及既成作品。随着时代的发展，人们不断探索自然、模仿自然，在与自然和谐相处的过程中合理地改造自然，为营造健康的人居环境提供了宝贵的经验。

（2）兼顾形式与主题

随着园林形式的日益丰富，如今的园林似乎一个比一个美，但是对观赏者而言，很少有园林景观能让人流连忘返。原因是设计师过分追求园林的形式，忽略了主题与文化的丰富性，大部分园林景观给人的只有感官刺激，真正有意义、能够让观赏者流连忘返的园林景观少之又少。所以，设计师应在丰富园林形式的同时，充分表达园林景观的主题和文化内涵，让观赏者耳目一新又回味无穷。

（3）重点突出

一处园林景观包含若干个主题无可厚非，但应突出某个重点主题。不分主次，会让园林主题不明，观赏者理解不了设计师要表达的东西，园林建造也就失去了意义。所以，设计师要懂得用多个小主题来表达一个大主题，有了小主题，才能突出大主题。另外，设计需从简，围绕重点主题展开。大主题必须是能表现深刻文化内涵的主题，不能随意设计。

（4）科学合理

在进行园林景观规划之前，首先应研究其整体布局，在科学合理地进行整体规划的基础上，进一步细化每个环节，不但要注重形式，还要注重展示主题。要想更好地表达主题，必不可少的一个环节就是对规划中的每个具体组成部分进行处理。设计之初便要注意主景观与次景观的和谐，合理烘托主景观，从而使主次更加分明。

园林规划中的主题与文化不是一成不变的，而是随着社会的发展不断变化的。园林设计师要紧跟时代前进的步伐，不断充实自己，敢于进行全新的尝试，并将传统理念与现代观念相结合，使广大观赏者感受到鲜明主题文化的魅力。

（三）园林景观规划的艺术性设计原则及方法

1.园林景观规划的艺术性设计原则

艺术性设计是对人们生产和生活过程中的思想意识、世界观进行艺术加工与表达展示的过程。其中，园林景观规划的艺术性设计，则是以满足人们的环境需求为主，它是一项物质性的社会福利内容，在城市的建设与发展中具有十分重要的作用。需要注意的是，在园林景观的规划设计中，人们的环境需求不仅包括景观使用需求，还包括精神需求，即通过艺术景观表现人们社会意识形态的需求，从而通过园林景观设计进一步强化社会主义现代化教育。由此可见，园林景观规划的艺术性设计，不仅需要满足人们的景观使用需求，还要满足人们的艺术需求，这也是园林景观规划艺术性设计的主要目标。

在具体设计中，园林景观规划的艺术性设计要遵循整体性与多样性原则、对比与协调原则、生态性原则。

（1）整体性与多样性原则

整体性与多样性原则主要体现在园林景观的形式设计上，在整体性与多样性原则下，可组合园林景观规划设计中的不同线条和图形，结合不同艺术流派的风格，处理好内容与形式、整体与局部的关系，使其在统一的设计要求和主题下具有多变的风格。

（2）对比与协调原则

对比原则要求在园林景观规划设计中对不同形状的物体或存在多种表现形式的物体进行对比，有效体现其景观特色。而协调原则是指园林景观的建造材料与布局形式的协调。

（3）生态性原则

生态性原则要求园林景观规划设计在原有设计经验和设计理论的基础上，按照生态学的各项要求，构建多层次、多结构、多功能的植物群落及生态环境秩序，满足生态、科技、文化层面的需求，使园林景观设计与城市建设相结合。

2.园林景观规划的艺术性设计方法

作为园林景观规划设计的主流趋势，园林景观规划的艺术性设计是指将艺术理念与景观设计方案相融合，通过多种艺术性设计手法，表现自然、和谐等艺术要素，同时不断提升园林景观规划设计的整体质量和水平。园林景观规划的艺术性设计方法主要有以下四个。

（1）修饰法

修饰法是指在园林景观规划中，通过合理利用城市原有的绿色景观及其空间，有效满足现代规划与设计的相关要求，促进城市建设的进一步发展。在园林景观规划的艺术性设计中，修饰法能有效节约城市绿化改造的成本和费用。从绿化属性上，景观可分为软质和硬质两种类型，并且不同类型的园林景观，其修饰设计的方法也存在较大的区别。例如，在城市园林景观中，软质景观主要是指自然存在的景观，如园林中的花、草、树、木等原生态植物等，可通过稍微修饰或扩大其空间等方式，达到较好的景观规划与设计效果；硬质景观多是人工改造后形成的景观，修饰设计硬质景观时，要从人工工艺的改造要求出发，尽量降低景观规划中的手工造景难度，提升景观规划与设计的效果。

（2）自然法

园林景观的规划设计以自然环境和景观为设计灵感来源，因此自然法也是园林景观规划艺术性设计的主要方法之一。在园林景观规划的艺术性设计中应用自然法，是以自然规律为基本原则和要求，倡导充分运用各种自然元素，从自然景观中汲取设计灵感，有效规划与设计园林景观，提升其整体质量。例如，在某湖畔水边景观项目的设计中，围绕该湖畔小岛中心所营造的树阵广场，就是采用自然法进行设计的，在设计中设计师将其作为该景观项目中的一个多功能休闲场所，其中配置了小型舞台及花池、座椅等，使湖水环绕着广场，湖岸景观自然排布，广场就像漂浮在湖面上一样，而湖岸景观自然排列，整体设计充满盎然韵味。

（3）布局法

在园林景观规划设计中，合理设置结构布局是需要考虑的重要问题。结构布局对园林景观规划设计的质量有着重要影响，只有合理把握空间布局，才能确保园林景观规划设计的质量。因此，布局法也是园林景观规划设计的主要方法之一。

采用布局法时，一方面，需要通过合理的改造和布局来构造景观规划与设计区域的地形，即通过"据高堆山""依低挖湖"或适当平整土地等手段促进规划与设计。园林地区的地形变化具有多样性和层次性，有利于增强园林景观规划的设计效果。另一方面，则需要合理利用地形特点，组织和规划园林景观的空间，从而达到控制视线、合理划分和设置空间的效果，并配合园林景观中的其他要素，达到丰富多样、自然和谐的设计效果，提高园林景观的规划设计水平，为城市生态文明建设提供支持。

此外，采用布局法时还要从整体与局部等角度考虑园林景观的造景布置，从而确保园林景观的规划与周围区域的规划相互协调，促进城市的整体建设和发展。

（4）综合法

随着园林艺术理论研究以及人们对园林景观设计认识的不断深入，单一的园林景观规划艺术性设计方法已不能满足人们的需求。为满足人们对当前园林景观规划与设计的更高要求，需要综合运用多种园林景观规划与设计方法。运用综合法，有利于合理分配景观规划与设计区域的资源，从而提升景观规划与设计的质量。例如，在进行水陆造景的规划设计中，需要以水景设计为主，选择并着手设置某个水景区域后，再分析和考虑陆地造景的植物配置等有关问题，以保障景观规划与设计的整体效果。

综上所述，合理运用园林景观规划的艺术性设计方法，有利于增强园林景观规划设计的艺术性效果，从而提高园林景观规划设计的整体水平，充分发挥其在城市建设中的积极作用。

第二节　风景园林规划设计原理

一、使用者场所行为心理设计

（一）环境行为心理

环境心理学是通过研究环境知觉、环境认知、人的活动与空间及设备的尺度关系来把握使用者普遍心理现象的科学。

使用者场所行为心理设计主要涉及各种尺度的环境场所、使用者群体心理以及社会行为现象之间的关系。

（二）行为空间与环境

行为空间是指人们活动的地域界限，包括人类直接活动空间范围和间接活动空间范围。直接活动空间是指人们日常生活、工作、学习所经过的场所和道路，是人们通过直接经验所了解的空间；间接活动空间是指人们通过间接交流所了解到的空间，包括通过报纸、杂志、广播、电视等宣传媒体了解的空间。

1.气泡

气泡是由美国著名人类学家霍尔（E. T. Hall）提出的个人空间的概念。人体上下肢运动所形成的弧线形成了一个球形空间，这就是个人空间尺度——气泡。人是这种空间度量的单位，也是最小的空间范围。个人空间受到情绪、人格、年龄、性别、文化等因素的影响。

2.拥挤感和密度

在人与人接触的过程中，当个人空间和私密性受到侵犯时，或在高密度的情况下，人都会产生一种消极反应，即拥挤感。影响人们是否产生拥挤感的因素包括个体的人格因素、人际关系、各种情境因素，以及个人过去的经验和容忍度，最主要的影响因素是密度。

3.私密性

私密性可以概括为行为倾向和心理状态两个方面。私密性分为四种表现方式：独处、亲密、匿名和保留。私密性是人们对个人空间的基本要求。私密性的功能也可以分为四种，即自治、情感释放、自我评价和限制信息沟通。人们在空间大小、边界的封闭与开放等方面的不同反应使得私密性具备不同的层次和灵活机动的特性。

4.领域性

领域性是指个人或群体为满足某种需要拥有或占用一个场所或区域，并对其加以人格化和防卫的行为模式，是所有高等动物的天性。人类的领域行为有四种作用，即安全、相互刺激、自我认同和明确管辖范围，按其涉及的区域范围可分为三个层次，即个人身体、家和公共领域。

环境设施也具有领域性，确保空间领域性的形成是保证环境的空间独立性、适宜性的基础。例如，人在亭中时，设施领域性形成；人离去，人在亭中的领域性消失，亭又转变为公共性空间。

空间大体有三类，即滞留性空间、随意消遣性空间和流通性空间，人与人之间过度的疏远和靠近都会造成一种心理上的不安定。所以在风景园林景观设计中要特别注意空间的尺度对人心理的影响，可以通过植物、矮墙或某些构筑物来增强滞留性空间使用者的私密性，也可以通过不提供适宜滞留的领域空间的方式来暗示使用者，让其了解流通性空间的性质，从而提高流通性空间的使用效率。

5.场所

诺伯舒兹（C. Norberg-Schulz）在《场所精神：迈向建筑现象学》一书中提

出了"场所是有明显特征的空间"的观点。场所以空间为载体，以人的行为为内容，以事件为媒介。场所依据中心和包围它的边界两个要素而成立，在定位、行为图示、向心性、闭合性等的同时作用下形成了场所概念。场所概念也强调一种内在的心理力度，要有吸引人的地方，如公园中老人相聚聊天的地方，广场上儿童一起玩耍的地方。从某种意义上来讲，风景园林景观设计是以场所为设计单位的。

（三）使用者在环境中的行为特征

在进行风景园林景观规划设计时，人的行为往往是确定场所和流动路线的根据，环境形成以后会影响人的行为，同样，人的行为也会对环境产生影响。

1.行为层次

行为地理学将人类的日常活动行为分为以下三种，即通勤活动、购物活动和交际与闲暇活动。

还可用另一种分类方法对人类行为进行简单分类，大致可分为以下三类：

一是强目的性行为：即功能性行为，如商店的购物行为。

二是伴随主目的的惯性行为：如在能到达目的地的前提下，人会本能地选择最近的道路。

三是伴随强目的行为的下意识行为：这种行为体现了人的一种下意识和本能，如人的左转习惯等。

2.行为集合

为达到一个主要目的而产生的一系列行为即行为集合，比如在设计步行街时，每隔一定距离要设置休息空间，以及通过空间的变化来消除长时间购物带来的疲劳。

3.行为控制

例如，在设计花坛的时候，为了避免人在花坛上躺卧，可以将花坛设计得窄一些。这就是对人的行为的控制作用。

（四）场所与行为

在人与环境的关系中，一方面，人会自觉或不自觉地适应现实环境并产生相应行为；另一方面，人也会控制和设计一种环境，有意地引导人们产生积极、理想的行为。

根据人、场所与行为的相互关系，风景园林景观设计应从人的行为心理和活动特点出发，建立良好的整体工作和生活环境。环境景观设计要有这样的设计理念和思路：依据行为分析、总体分析把握环境构成、景观要素。只有这样才能真正使园林环境景观有良好的空间质量和功能性。

在设计时，为了更好地发挥场所的作用，应从人的行为动机产生与发展的角度，分析一切行为的内因和外因以及变化条件。

环境场所要达到上述效果，往往需在设计中增设必要的景观设施，以满足人们从事各种活动的需要，从而扩大室外空间，如坐的空间、看的空间、被看的空间、听的空间、玩的空间等。在空间环境的设计中，要调动人的参与性。人的参与性是指人参与事件和活动，与客体发生直接的或间接的关联。按参与的程度，可分为主动参与、被动参与、旁观参与。在环境设计中应引导公众积极地进行"角色参与"和"活动参与"，使"人尽其兴，物尽其用"，从而发挥主、客体的直接交互作用。

例如，在入口通道的两侧布置休息设施时，使用者往往对这种"夹道欢迎"的方式"望而生畏"，在众目睽睽下也会觉得"无地自容"。人们总是喜欢选择有依靠的位置，并且前方视野要开阔，面对活动着的人群，以满足"人看人"的需求，而不是处于空旷地，这样会没有安全感。

根据人的行为来设计不同的景观和休息场所，可满足人们进行不同社交活动的需要。在公共场合，人们有时希望有能与别人进行交谈的场所，有时又希望与人群保持一定的距离，有相对僻静的小空间。因此，设计时应设计有一定自由选择性的环境。

以公园的线路设计为例，在公园的主体建设完成后，剩下部分草坪中的碎石铺路还没有完成。在很多地方，游园或草坪中铺设了碎石或各种材质的人行道，但在其周围不远的地方常常有人踩出来一些脚印。这说明设计铺设的线路存在一定的不合理性。因此，恰当的做法是等冬天下雪后，观察人们留下的脚印，以确定碎石的铺设线路。这样既充分考虑了人的行为，又避免了因铺设路线不合理造成的财力、物力浪费。在规划设计中，充分考虑人的行为习惯，按照人的活动规律进行路线的设计才是最好的。

（五）使用者对其聚居地的基本需求

1.安全性

安全是人类生存最基本的条件，包括生存条件和生活条件，如土地、空气、水源、气候、地形等。这些条件的组合要满足人类在生存方面的安全需求。

2.通达性

远古时期，人类无论是选择居住地还是修建一个舒适的住所，都希望有观察四周环境的窗口和危险来临时能迅速撤离的通道。现在，人们除要求住所安全舒适外，一般来讲，在没有自然灾害的情况下，人们一样会选择视线开阔，能够和大自然充分接触的场所，即在保证有自己领域的同时，希望能和外界保持紧密的联系。

3.对环境的满意度

人们除心理和生理上的需求外，还有一种难以描述清楚的对环境的满意度，可以理解为对周围的树林、草坪、灌木、水体、道路等的综合视觉满意程度。人们虽然无法提出详细、具体的要求目标，但对居住地和住所有一个模糊的识别或认可的标准，比如可分为喜欢、不喜欢、厌恶，满意、一般、不满意等。

了解了人类的基本空间行为和对周围环境的基本需求，设计师在进行景观设计时心里就会有一个框架或一些原则来指导具体的设计思路和设计方案。因此，行为地理学是景观设计的重要指导理论之一，它虽然不能直接提供具体的设计思路，但却是方案设计和确定的基础，否则，设计的方案只是简单的构图，不能很好地为使用者提供舒适的活动空间和场所。此外，简单的构图创作除不能满足使用功能外，还会导致为了单纯的构图效果而浪费大量项目建设资金的现象，有可能还会因为管理不善导致资金流失。

人们特定的户外活动需要有与其相对应的专用场地，如居住区需有健身场所、儿童游乐场、聊天休息场所；学校要有操场；生产工厂需有作业场所、休息庭院；等等。对于专业性活动场所，设计师必须在研究特定人群特定的活动后，才能更深入细致、科学合理地进行设计与布局。

二、场所空间应用设计

空间是人类所有行为产生的场所。设计师在设计过程中使用"空间"这个词，是用来形容由环境元素中的边线和边界所形成的三维的场所。场所空间的创造是风景园林规划设计的主要目的。在规划用地、设计方案、布置景区时，设计师除了要厘清各功能区之间的功能关系及其与环境的关系，还需将场所空间转化为可用的功能性空间。

（一）场所空间的概念

场所空间指的是为人们提供公共活动的空间，如街道、广场、庭院、入口空间、娱乐空间、休息空间、服务空间等。每个空间都因其基本组成元素（如地面、植物、人行道、墙体、围栏及其他结构）的不同限定，具有特定的形状、材质、色彩、质感等。这些性质综合地表达了空间的功能和作用，影响并塑造着人们对环境空间的视觉感受。

场所空间包括地面、顶面、垂面三个组成部分。场所空间营造就是要给这三个面安排不同的材料。例如，地面可以采用不同的地砖、草坪（地砖可以有不同的形状、大小、颜色，草坪可以有不同纹理）；顶面可以采用硕冠的乔木、凉亭、棚架、藤架等；垂面则可以采用小乔木、栅栏，或用矮墙加藤类植物的方式进行设计。在设计中要结合材料的色彩、质地、纹理等进行适当的安排。

现代的城市景观设计往往过于强调建筑单体和城市的功能，而忽略公共空间中人的活动，忽略了场所在满足人们不同需求方面的作用。例如，在空旷的场地上竖起一堵墙，就有了向阳面和背阳面，在不同季节和气候中，人们或沐浴阳光，或纳凉消暑，因而会有不同的需求。在景观设计中，合理布置围护面，有利于创造户外宜人的空间。

场所空间会让人形成对特定空间的审美知觉。当人们在其中活动时，又会以自己前后左右的位置及远近高低的视角，在欣赏周围建筑景观的过程中形成各种不同的空间感受和审美感受。

（二）空间的形式

园林空间有容积空间、立体空间以及两者相结合的混合空间三种形式。容积空间的基本形式是围合，空间为静态的、向心的、内聚的，空间中墙和地的特征较突出。立体空间的基本形式是填充，空间层次丰富，有流动和散漫之感。设计师在设计空间时应充分发挥自己的创造性。例如，草坪中的一片铺装或伸向水中的一块平台，因其形态与众不同而产生了分离感。这种空间的空间感不强，只有地面这一构成要素暗示着一种领域性空间。再如，一块石碑坐落在有几级台阶的台基上，因其庄严矗立而在环境中产生了向心力。由此可见，分离和向心都在某种意义和程度上形成了空间。

（三）空间的组织

空间组织包括空间个体和空间群体两个方面。空间个体的设计应注意空间的大小和尺度、封闭性、构成方式、构成要素的特征（形状、色彩、质感等），以及空间所表达的意义或所具有的"性格"等内容。空间群体的设计则应以空间的对比、渗透、序列等关系为主。

1.空间的尺度与大小

尺度设计是空间设计具体化的第一步。在场所空间被使用的时候，应该以人为尺度单位，考虑人身处其中的感受：在 20～25 m² 的空间中，人们感觉比较轻松，能辨认出对方的脸部表情和声音；距离超出 110 m 的空间，肉眼只能辨别出大致的人形和动作，这一尺度也称为广场尺度，超出这一尺度，才能使人产生宽阔的感觉。390 m 的尺度是使人产生深远宏伟感觉的界限。

在人的社交空间中，也存在尺度的界限：0.45 m 是较为亲昵的距离；0.45～1.3 m 是个人距离和私交距离；3～3.75 m 是社交距离，指和邻居、同事之间的一般性谈话距离；3.75～8 m 为公共距离；大于 30 m 的距离是隔绝距离。

空间的大小应视空间的功能要求和艺术要求而定。大尺度的空间气势宏伟，感染力强，常使人肃然起敬，有时大尺度的空间也是权力和财富的象征。小尺度的空间较为亲切，适于大多数活动的开展，在这种空间中交谈、漫步、坐憩常使人感到舒适、自在。

2.空间的围合与通透

空间的围合与通透程度首先与垂直面的高度有关。垂直面的高度包括相对高度和绝对高度。相对高度是指墙的实际高度和视距的比值，通常用视角或宽高比（D/H）表示。绝对高度是指墙的实际高度，当墙低于人的视线时空间较开敞，高于视线时空间较封闭。空间的封闭程度由这两种高度综合决定。影响空间围合与通透程度的另一因素是墙的连续性和密实程度。高度相同时，墙越通透，围合的效果就越差，内外的渗透就越强。垂直面的位置、组织方式对人的行为也有很大影响，不同位置的墙面所形成的空间封闭感也不同，其中，位于转角的墙的围合能力较强。此外，同样的一堵墙，在它中间开个口，就会对人的视线和行为产生很大的影响，它使得空间由静止变为流动，由闭塞变为开放。

3.空间的实与虚

空间的垂直墙面设计可以创造空间的虚实关系。

（1）虚中有实

这是指以点、线、实体构成虚的面来形成空间层次。例如，马路边上的行道树，广场中的照明系统、雕塑小品等都能产生虚中有实的围护面，只是对空间的划分能力较弱。

（2）实中有虚

这是指墙面以实为主，局部采用门洞、景窗等，使景致相互借用，而这两个空间彼此较为独立，如商业区的骑楼建筑等。

（3）虚实相生

这是指墙面有虚有实，如建筑物的架空底层、景廊大门等。它既能有效划分空间，又能使视线相互渗透。

（4）实边漏虚

这是指墙面完全以实体构成，但其上下或左右留出一些空隙，虽不能直接看到另一个空间，但却暗示另一个空间的存在，并诱导人们进入。

4.空间的限定对比

空间与空间之间的差异化设计，可让人产生不同的空间感觉，获得不同的体验。

（1）覆盖空间

覆盖空间就是将植物或建筑小品等材料设置在空间顶部，以产生覆盖效果。

（2）设置空间

一个广阔的空间中有一棵树，这棵树的周围就限定了一个空间，人们可以在树的周围聚会、聊天。任何一个物体置于原空间中，都可以起到限定的作用。

（3）抬高式空间和下沉空间

高差变化也是空间限定较为常用的手法，比如主席台、舞台都是运用这种手法使高出的部分更为突出，形成特定空间。下沉广场往往能形成一个和喧闹的街道相互隔离的独立空间。

（4）空间材质的变化

相对而言，变化地面材质对于空间的限定强度不如前几种，但是其运用也极为广泛。例如，庭院中铺有硬地砖的区域和种有草坪的区域会显得不同，它们是两个空间，一个可供人行走，另外一个不可以。

5.层次与渗透

空间的层次有向深部运动的导向，这种导向的形成主要有以下三种方式。

第一，利用景观的组织使环境整体在空间大小、形状、色彩等的差异中形成等级秩序，如一些院落设计，在空间中分出近、中、远的层次，引导人们的视线向前延伸，从而吸引人们前进。

第二，从人的心理角度，建立起与环境认知结构相吻合的主次空间。利用实体的尺度和形式有效划分空间，表现并暗示相关空间的重要性。

第三，以实体的特殊形式塑造环境的主体，尽管尺度相对较小，往往也能从环境中脱颖而出。

没有层次就没有景深。中国的园林景观，无论是建筑围墙，还是树木花草、山石水景、景区空间等，都善于用丰富的层次变化来增加景观深度。层次一般分为前（景）、中（景）、后（景）三个大层次，中景往往是主景部分。当主景缺乏前景或背景时，便需要添景，以增加景深，从而使景观层次更加丰富。

空间层次的设计还要讲究领域的组织，比如城市的环境空间要满足不同类型人群的使用需求，如儿童乐园、老年人聚会场所等。

6.空间的序列与引导

序列指根据人的行为，在空间上按功能依次排列和衔接，在时间上按前后相随的次序逐渐过渡。在观赏景观时，移一步换一景的感觉会让人印象深刻。如何在空间的过渡中充分体现空间层次的序列变化，通过景观节点形成连续的视觉诱导和行为激励，呈现一种向既定目标运动的趋向呢？

中国传统的空间序列遵循"有起有伏、抑扬顿挫、先抑后扬"的规律，不仅能满足使用功能要求，还能使人获得良好的体验。

环境设计往往采用直接的方式，以良好的视觉导向，利用色彩、材质、线条等形成方向暗示，以开合、急缓、松紧等有节奏的配置形成空间的序列。例如，步行街、庭院等的设计，虽然这些场所不必追求强烈的空间序列感，但其能通过空间形态的收放、重复等变化加强空间的节奏，使平平无奇的空间更具魅力。

园林建筑布局和假山的布置应疏密有致，给人一种"张弛结合、开合有度"的感觉。在绿化配置上，可通过时而密植、时而丛植和孤植等植物配置方式来体现空间的这种疏密变化。

从导向性角度分析，在空间设计中通过有意引导和暗示，设计师能指引人们沿着一定的路线，从一个空间移动到另一个空间，达到"柳暗花明又一村"的效果。例如，人们精力旺盛时向有活动的地方聚集，疲劳时寻觅休息地，避风雨时选择有绿荫的空间等。一栋建筑、一片水体、一件小品、一棵大树等一处色彩与材质的变化，在空间中都可能因为与周围环境的区别而备受关注，成为诱导人们行为的关键因素。

7.对景与借景

在景观设计的平面布置中，往往要参照一定的建筑轴线和道路轴线，在其尽端安排的景物称为对景。对景往往是平面构图和立体造型的视觉中心，对整个景观设计起着主导作用。对景可以分为直接对景和间接对景。直接对景是人最容易看到的景，如道路尽端的亭台、花架等，一目了然；间接对景不一定在道路的轴线上或人行走的路线上，其布置的位置往往较为隐蔽或有所偏移，给人以新奇或若隐若现之感。

借景也是景观设计常用的手法。在中国古典园林中，为了获得丰富的园林空间，往往会通过景窗、空透的廊和门窗、稀疏的植物等来渗透景观，丰富空间的层次，吸引人们从一个空间到达另一个空间。这种随着运动不断变幻的空间渗透，常常给人带来丰富而又含蓄的美感。

在有限的基地中，要想扩大空间，可采用借景或划分空间的方式。古人云："园虽别内外，得景则无拘远近。"借景是有选择地将园外景物纳入园中，并将其组织到园景构图中的一种经济、有效的造景手法。借景不仅扩大了空间，还丰富了空间层次。借景的类型有远借、邻借、仰借、俯借、应时而借。

8.隔景与障景

"佳则收之，俗则屏之"是我国古代造园的手法之一，即隔景。在现代景观设计中，也常常采用这样的思路和手法。隔景是将好的景致打造成景观，将乱、差的地方用树木、墙体遮挡起来。障景是直接采取截断行进路线或迫使人改变方向的办法来遮蔽乱、差的地方，是通过实体来实现的。

9.尺度与比例

人的空间行为是确定空间尺度的主要依据。例如，学校教学楼前的广场或开阔空地，尺度不宜太大，也不宜过于局促。若尺度太大，学生或教师使用、停留时，会感觉过于空旷，没有氛围感；若过于局促，空间会失去一定的私密性。因此，景观设计应依据其功能和使用对象确定尺度和比例。

10.质感与肌理

景观设计的质感与肌理主要体现在植被和铺地方面。不同的材质通过不同的手法可以表现出不同的质感与肌理效果，如花岗石坚硬和粗糙，大理石美观和细腻，草坪柔软，树木挺拔，水体轻盈等。合理地运用这些不同的设计元素，并将其有条理地组织起来，能让景观的内涵更丰富。

此外，景观风格决定景观的选材与色彩，如：

①典雅——古朴的色彩与材料。

②厚重沉稳——灰白色调，局部暗红。

③活泼——现代、科技、对比强烈的色彩。

④原始的山林野趣——原色的就地材料。

11.节奏与韵律

节奏与韵律是景观设计中常用的手法，在景观处理上的节奏体现在铺地材料有规律的变化上，如灯具、树木的排列间隔，花坛、座椅的分布等。韵律是节奏的深化。

三、生态设计

　　风景园林规划设计的宗旨是为人们规划设计适宜的居住环境,风景园林景观设计的发展是人们对"人地关系"认识的进一步深化。用地安排是为了满足使用者的需求,使用者也要尊重自然,与自然和谐共存。近二三十年来,随着工业化、城市化的进程加快,城市规模不断扩大,生态环境问题日益突出。现代人类的生存环境和早期人类的生存环境已截然不同,人类以城市为中心,开始对自然施加辐射式的影响力。地球上原有的生态环境被工业区、高速公路侵蚀、分割,人类在享受自己创造的便利生活时,也因为对自然界的过度开发而引发了一系列环境问题。空气污染、噪声、居住区的拥挤和每日产生的堆积如山的垃圾,这一切都会影响人类的健康,危害人类的生存。

　　如今,人类对聚居地的改造不再仅是逃避自然力量的侵蚀,而是要对由各个要素组成的生态结构进行优化和调整,使人类聚居地的生态环境达到一种舒适状态。在此背景下,人类开始主动地寻求解决办法,一批城市规划师、景观建筑师开始关注人类的生存环境,并且在风景园林景观设计实践中进行了不懈探索。这种大环境使得景观生态学得以迅速发展。

　　生态学是研究生物与自然环境的相互关系,研究自然与人工生态结构和功能的科学。由于生态学具备综合性和理论上的指导意义,如今已成为一门应用广泛的科学。景观生态学主要研究由与人居环境相关的土壤、水文、植被、气候、光照、地形条件等要素所组成的生物生存环境。其主要研究目的是在不破坏全球生态环境的前提下优化和改良人类的聚居环境。

　　生态设计是指任何与生态环境相协调,使其对环境的破坏和影响达到最小的设计形式。

　　现代景观规划设计理论强调生态环境与景观格局之间的相互关系,研究多个生态系统以及组成生态系统各要素之间的关系,并采用"斑块—廊道—基质"模式来分析和改变景观。风景园林规划设计强调视觉美观,但这不是唯一的目标。风景园林规划设计要从根本上改善人类的聚居环境，利用城市绿地来调节气候、缓解生态危机。

对于园林景观设计师来说，了解自然环境和人类的关系是首要任务。设计师要尊重自然界的河流、山丘、植被，在其中巧妙地设计景观，将人为景观和自然景观巧妙地结合在一起，从而达到相得益彰的艺术效果。

第三节　风景园林规划设计的要求、策略及程序

一、风景园林规划设计的要求

（一）提高对创新的重视程度

随着社会经济的发展，各个地域的经济都获得了不同程度的发展。然而，随着城市化进程的不断加快，社会对风景园林规划设计有了新的要求。由于不同地域的经济结构、发展速度都存在着较大的差异，因此在进行风景园林规划设计时，设计师应具备较强的创新意识，并将传统的造园理念与当前城市的发展情况进行融合，进而创造出独具特色的园林景观。在选择园林植被时，要考虑当地的生态、气候，同时还要将能展现当地特色的植被纳入规划设计。

除此之外，还要结合城市的功能，为人们提供一定的便利。在城市的建设过程中，城市功能越来越多，城市规模越来越大，这要求设计师在风景园林规划设计时，要提高对创新的重视程度，并在现有规划设计的基础上不断进行优化，从而提升风景园林规划设计质量和水平，促进社会的可持续发展。

（二）风景园林规划设计应契合城市发展规划

设计师在进行风景园林规划设计时，要对园林景观与旅游区进行区分，同时还要使风景园林规划设计契合城市发展规划，进一步推动城市健康发展。此外，风景园林规划设计还要与人们的生活相联系，让园林景观为人们服务。在设计风景园林时，设计师必须清楚地认识到，风景园林不仅是具有城市自身特色的建筑，也是满足人们日常休闲娱乐需求的大型公共场所。在设计过程中，设计师要考虑使用者的各种娱乐需求。例如，可采用问卷调查、实地考察等方法，收集人们的意见和建议。在实际设计时，可将卡通元素、古风元素融入设计方案，满足多个使用者的需求。

（三）风景园林规划设计应以人为本

城市发展的主要目的是为人们提供更好的服务，作为城市建设的关键部分，风景园林规划设计的主要目标也是满足人的需求，因此设计师在进行设计时，需以提升人们的生活质量和完善生态环境为中心。当前，我国社会的主要矛盾是人民日益增长的美好生活需要和不平衡不充分的发展之间的矛盾。这要求风景园林规划设计师贯彻以人为本的理念，在进一步满足人们各项需求的前提下，尽可能地为人们提供有针对性的绿色服务。

风景园林不仅能使城市与自然环境的关系变得更为紧密，还能改善人们的居住环境。而若想让城市获得持续性发展，设计师在设计时就必须重视风景园林的人性化设计。设计师在设计的过程中要考虑到人们的多样化需求，将设计地区的文化特色与自然环境相结合。只有这样，风景园林规划设计才能更具有人性化。

落实以人为本的设计理念，不但有助于人们更好地感受当地的文化特色，还能提高人们的生活质量，实现社会的可持续发展。人们的生活与生活环境是分不开的，人们也需要借助优美的生活环境来缓解工作压力。风景园林可以为人们提供休闲娱乐的场地，闲暇时人们还能在风景园林中开展社交活动，以此来缓解工作压力、锻炼身体。因此，风景园林的人性化设计，既可以最大限度地凸显城市本身的人文特色，又有助于营造和谐、友好的生活氛围，提高人们的生活质量。

二、风景园林规划设计的策略

（一）根据实际情况进行有针对性的规划设计

在进行风景园林规划设计时要根据实际情况进行有针对性的规划设计。在设计过程中设计师要先了解当地的气候，了解当地人的生活习惯，比如在北方，园林种植的植被应以阔叶林为主。这样才能确保树木更好地适应北方的天气，从而避免大面积死亡的现象。

在规划城市景观之前，设计师务必要了解所设计城市的人文特点、经济发展情况等，在设计时也要结合所设计城市的其他景观风格。设计师在规划时必须遵循科学化、合理化的原则，设计方案要符合城市景观规划，只有这样，才能使风景园林的设计更加人性化。设计师在设计时还应考虑到后续人们的使用是否方便。例如，在城市景观中配备一些健身器材或者一些基础的公共设施。这样不但能方便人们的生活，还能加强风景园林设计的整体效果。

（二）吸取先进设计思想，拓展设计思路

随着社会的进步，科学技术飞速发展，当前简单的物质生活已经不能很好地满足人们的精神需求，所以风景园林规划设计要展现时代特色，在现有设计理念的基础上广泛吸取先进的设计思想，拓展设计思路，只有这样才能有效提升风景园林规划设计的水平与质量，从而为人类社会的可持续发展打下坚实的基础。

（三）协调经济效益、社会效益之间的关系

在进行风景园林规划设计时，要协调绿化空间与绿地建设之间的关系，确保生态文明建设"更上一层楼"。在种植树木时，要站在城市规划的角度进行设计，并结合当前人们的居住状况，力求改善当地的生态环境。除此之外，还要协调人与自然的关系，在生态文明建设中树立以人为本的理念，协调经济效益、生态效益之间的关系。

（四）加强生态环境保护，充分展现区域文化特色

要将生态环境保护理念渗透到风景园林规划设计中，在进行风景园林规划设计之前，要前往当地进行细致的调查，掌握当地人的生活习惯，了解当地的自然条件，从而为生态环境保护工作做好铺垫。

另外，风景园林规划设计是展现城市风貌的主要方式之一，对城市的发展有着一定的推动作用。因此，在进行风景园林规划设计的过程中，要通过切实可行的手段来充分展现当地的文化特色，避免园林景观的同质化现象。设计师可从区域文化特色着手，挖掘城市的历史文化，将城市发展进程中的关键人物及影响力较大的事件作为风景园林规划设计的主要元素，进而展现区域文化的特色。

（五）在风景园林规划设计中应用现代科技

随着信息技术的飞速发展，现代科技已被广泛应用于各个领域，在此背景下，风景园林规划设计应紧跟时代前进的步伐，大胆地应用现代科学技术，提高风景园林规划设计水平。在进行风景园林规划设计时，设计师可积极融入多元文化元素，建设不同风格的园林景观。风景园林规划设计师应及时转变设计思路，与时俱进，进一步提升园林景观的整体美感。

另外，先进的科学技术有助于营造良好的园林环境，使园林景观更加丰富。例如，可利用玻璃、混凝土等材料建设硬质景观，或者利用塑料等材料建设软

质景观，从而让园林景观更有科技感。

三、风景园林规划设计的程序

（一）现状调查与研究

对现状的调查与研究是展开景观设计的第一步，其目的在于全面认识景观设计对象的环境特征、形态风格、元素构成以及主导特性，以求对设计对象有一个完整、清晰的认识。现状调查与研究可以从三个层次进行：区域层次、地方层次、场地层次。对于不同类型和性质的项目，三个层次的侧重点有所不同。区域层次的调查研究是为了明确项目的宏观环境特点与宏观社会语境；地方层次的调查研究目的在于获取对人类活动的认识；场地层次的调查研究则是为了获得具体的特征信息，比如项目所在地段的详细地形、地势、水文、植被、气候等。

现状调查与研究主要分析的要素包括人文社会要素、生物物理环境要素、适宜性三个方面。为了取得具体翔实且富有价值的资料，在展开调查研究时，最好组织跨学科的设计团队共同进行。

调查的途径和方法主要包括文献查阅、现场踏勘、座谈访问、视觉评析等。

（二）明确问题与挖掘潜力

明确问题与潜力这一环节既是对现状调查研究成果的汇总与分析，又是展开下一步设计环节的过渡阶段，能为确定设计目标提供一种参照。对问题的分析决定了下面环节的设计开展，对潜力的挖掘则有助于把握项目的特征，从而为具体的设计策略展开和项目特征的进一步强化提供基础条件。

（三）设计目标与设计策略的确定

设计目标的确定是一个复杂的生成机制，设计目标并不是简单地按照"调查—分析—寻找问题—目标生成"的线性顺序得出的，而是融合了各种因素。只有确定了合理的设计目标，下面的各个具体设计环节才能够合理地展开，确定设计目标之后的环节是根据设计目标确定设计策略，它是设计目标的细化和具体化，能为采取有针对性的设计措施提供一个执行框架。

（四）设计概念的发展与方案比较

同样的设计目标，有多种达成途径。在景观设计中，设计方案的多模式比较是一个很重要的环节，设计目标和设计策略可以视为在适宜性的基础上得出的概念模型，具有一定的抽象性，在此基础上进行设计目标的多维分析和规划很有必要。

（五）具体的景观设计

经过前面几个环节，最终的设计方案得以确定，接下来，具体的景观设计便可以分项展开，这是设计环节的主体部分。

（六）设计评价

设计评价作为最后一个环节一般容易被忽视，然而，对于一个完善的设计过程来讲其是必不可少的。评价环节的主要作用在于按照总体目标制定的方向和原则对最后的景观设计成果进行检验和反馈，以检验总体设计目标和策略的执行程度，从而可以使得最终设计成果与前期的分析研究的结果环环相扣、相辅相成。

景观设计评价非常有必要，它对于景观设计学的理论拓展、景观设计方法的选择、景观设计过程中的方案比选、景观使用质量的好坏等都具有非常重要的意义，景观设计评价的展开需要建立一套合理的评价体系，景观设计评价指标具有历史性，不同社会背景、不同社会时期所要求的景观设计评价体系是不同的。所谓合理，是指景观设计评价体系符合某一特定社会语境的主导特征，能够切实反映时代赋予景观设计的责任。

对于当代景观设计实践，其评价指标体系主要由以下几个方面组成。

1.美学评价标准

美学评价标准主要关注点在于城市景观的形态特征，诸如比例、尺度、均衡、韵律、统一、色彩、肌理等古典的美学原则，以及与之对应的强调解构、复杂、模糊、惊异等的现代或者后现代美学原则。无论对于景观的理解有何不同，对于景观形态方面的关注都是不可或缺的。

2.功能评价标准

功能评价标准在景观设计评价中也占据着重要的地位，它是衡量景观作品究竟能够在人们生活中发挥多大的作用，为人们所使用的程度有多深和频率有多高的主要指标。

3.文化评价标准

文化评价标准是用以评价景观形态的文化特征，景观是有地域性的，好的景观作品应当能够彰显地方文化特质，增强场所认同，建立人与环境之间的有机和谐关系，承担起增进"民族文化认同"的社会责任。

4.环境评价标准

环境评价标准用以评价景观对于环境生态的影响程度，是生态设计理念在景观设计学中的重要体现，主要关注点在于景观作品可能带来的环境影响。

上述四类评价标准中的每一种均可分解为更为详细的指标，用以详细评估景观的设计效果。

第二章　风景园林设计的构成要素

第一节　地形

地形是地貌的近义词，意思是地球表面三度空间的起伏变化。地形是指地面的外部形态，如长方形、圆形、梯形等。地貌是指地球自然表面高低起伏的形态，如山地、丘陵、平地、洼地等。

景观地形是景观范围内地形发生的平面高低起伏的变化。在景观范围内起伏较小的地形称微地形，包括沙丘上较小的起伏等。

一、地形的表示方法

（一）等高线表示法

1.等高线的概念

等高线是地面高程相等的相邻点所连成的闭合曲线。例如，池塘和水库的边缘就是一条等高线。假设湖泊中央有高程为 100 m 的一个小岛恰好被水淹没，若水位下降 5 m，小岛顶部的一部分即露出水面，这时，水面与岛周围地面的交线就是一条高程为 95 m 的等高线。若水位再下降 5 m，又得到高程为 90 m 的等高线。水面如此继续下降，便可获得一系列等高线。这些等高线都是闭合的曲线，曲线的形状由小岛的形状决定。把这些曲线的水平投影按一定比例缩小绘制在图上，就是相应的等高线图。

2.等高线的特性

①等高性：同一条等高线上各点高程相等，但高程相等的点不一定在同一条等高线上。

②闭合性：等高线是闭合的曲线，不在图内闭合则在图外闭合。因此，在绘制时，凡不在本幅图闭合的等高线，应描绘到内图廓线，不能在图内中断。

③非交性：除悬崖外，等高线不能相交。

④正交性：等高线与山脊线、山谷线正交。山脊处等高线凸向低处，山谷处等高线凸向高处。

⑤密陡稀缓性：在同一幅等高线图中，等高线越密，表示地面的坡度越陡；越稀，则坡度越缓。

3.等高线的分类

①首曲线：在地形图中，按基本等高距绘制的等高线。

②计曲线：从高程基准面起算每隔4根首曲线加粗的一条等高线。计曲线上注记高程。

③间曲线：按等高距的1/2绘制的等高线。

④助曲线：按等高距的1/4绘制的等高线。

⑤示坡线：等高线上顺下坡方向绘制的短线。

（二）标高点表示法

所谓标高点就是指高于或低于水平参考平面的某一特定点的高程。标高点在平面图上的标记是一个"＋"字记号或一个圆点，并同时注有相应的数值。由于标高点常位于等高线之间而不在等高线之上，因而常用小数表示。标高点最常用在地形改造、平面图和其他工程图上，如排水平面图和基地平面图。一般用来描绘某一地点的高度，如建筑物的墙角、顶点、低点、栅栏、台阶顶部和底部以及墙体高端等。

标高点的确切高度，可根据该点所处的位置与任一边等高线距离的比例关系，使用"插入法"进行计算。

（三）平面标定高程的方法

当景观面积较小时，将高程直接绘在平面图上，用高程来计算各点高差和工程量。

二、地形的表现形式

（一）平地

景观中坡度比较平缓的用地统称为平地。平地可作为集散广场、交通广场、草地、建筑等方面的用地，以接纳和疏散人群，组织各种活动或供游人游览和休息。平地在视觉上空旷、宽阔，视线不被遮挡，具有强烈的视觉连续性。平坦地面能与水平造型互相协调，使其很自然地同外部环境相吻合，并与地面垂直造型形成强烈的对比，使景物更加突出。在对平坦地形进行设计时要注意以下几点：

①为排水方便，要人为地把平地变成 3%～5% 的坡度，使大面积平地有一定起伏。

②在有山水的景观中，山水交界处应有一定面积的平地，作为过渡地带，临山的一边应以渐变的坡度和山体相接，近水的一旁以缓慢的坡度形成过渡带，徐徐伸入水中形成冲积平原的景观。

③在平地上可挖地堆山，可用植物分割、制作障景等手法处理，防止平地单调乏味。

（二）凸地

凸地的表现形式有坡度为 8%～25% 的土丘、丘陵、山峦以及小山峰。凸地在景观中可作为焦点物或具有支配地位的要素，特别是当其被低矮的景观环绕时更应如此。从情感上来说，上山与下山相比较，前者能产生对某物或某人更强的尊崇感。因此，如教堂、寺庙、宫殿、政府大厦以及其他重要的建筑物（如纪念碑、纪念性雕塑等），常常耸立在地形的顶部，给人以庄严、肃穆之感。

（三）山脊

脊地总体上呈线状，与凹地相比较，形状更紧凑、更集中，可以说是更高级别的凸地。与凸地类似，脊地可限定在户外空间的边缘上，调节户外空间坡上和周围环境中的小气候。在景观中，脊地可被用来转换视线在一系列空间中的位置，或将视线引向某一特殊焦点。脊地在外部环境中的另一作用是充当分隔物。脊地作为一个空间的边缘，犹如一道墙体将各个空间和谷地分隔开来，使人有"此处"和"彼处"之分。从排水的角度来说，脊地的作用就像一个"分水岭"，降落在脊地两侧的雨水，将各自流到不同的排水区域。

（四）凹地

凹地在景观中可被称为碗状池地。凹地在景观中通常作为一个单独的空间。当与凸地相连接时，它可完善地形布局。凹地是景观中的基础空间，适合进行多种活动。凹地也是一个具有内向性和不受外界干扰的空间，会给人一种分割感、封闭感和私密感。凹地还有一个潜在的功能，就是充当一个永久性的湖泊、水池，或者在暴雨之后暂时充当蓄水池。

凹地在调节气候方面也有重要作用，它可避开掠过空间上部的狂风。当阳光直接照射到其斜坡上时，斜坡受热面大，空气流动性差，可使地形内的温度升高。因此，凹地与同一地区内的其他地形相比更暖和，风沙更少，具有宜人的小气候。

（五）谷地

与凹地相似，谷地在景观中也是一个低地，是景观中的基础空间，适合安排多种项目和内容。但它与脊地相似，也呈线状，沿一定的方向延伸，具有一定的方向性。

三、地形的功能和作用

（一）分隔空间

地形能以不同的方式创造和限制空间。平坦地形仅是一种缺乏垂直限制的平面因素，视觉上缺乏空间限制。而斜坡的地面较高点则占据了垂直面的一部分，并且能够限制和封闭空间。斜坡越陡、越高，户外空间感就越强烈。地形除限制空间外，还能影响一个空间的气氛。平坦的地形能给人美的享受，让人产生轻松感，而陡峭、崎岖的地形极易使人兴奋。

地形不仅可以制约一个空间的边缘，还可以制约其走向。一个空间的总走向，一般都是朝向开阔地带。地形一侧为一片高地，而另一侧为一片低矮地时，就可形成一种朝向更低、更开阔的空间，而背离高地空间的走向。

（二）控制视线

地形能在景观中将视线导向某一特定点，影响某一固定点的可视景物和可见范围。为了能在环境中使视线停留在某一特殊焦点上，可在视线的一侧或两侧将地形增高，在这种地形中，视线两侧的较高的地面犹如视野屏障，封锁了分散的视线，从而使视线集中到景物上。地形的另一类似功能是形成一系列观赏景点，以此来帮助人们观赏某一景物或空间。

（三）控制旅游线路

地形可被用在外部环境中，影响行人和车辆前进的方向、速度和节奏。在景观设计中，可用地形的高低变化、坡度的陡缓以及道路的宽窄、曲直变化来影响和控制游人的游览线路和速度。

在平坦的土地上，人们的步伐稳健持续，无须花费什么力气。而在变化的地形上，随着地面坡度的增加或障碍物的出现，游览也就越发困难。为了上、下坡，人们就必须使出更多的力气，游览时间也就延长，中途的停顿休息也就逐渐增多。对于步行者来说，在上、下坡时，其平衡感受到干扰，每走一步都格外小心，最终结果是尽可能地减少穿越斜坡的行动。

（四）改善小气候

地形可影响景观某一区域的光照、温度、风速和湿度等。从采光方面来说，朝南的坡面一年中大部分时间都能保持较温暖和宜人的状态。从风的角度来说，凸面地形、脊地或土丘等，可以阻挡刮向某一场所的冬季寒风。反过来，地形也可被用来引导夏季风。夏季风可以被引导穿过两个高地之间形成的谷地、洼地或马鞍形的空间。

（五）美学功能

地形可被当作视觉要素来使用。在大多数情况下，土壤是一种可塑性物质，它能被塑造成具有各种造型、具有美学价值的悦目的实体和虚体。地形有许多潜在的视觉特性。可将土壤塑造为柔软、具有美感的形状，这样它便能轻易地吸引人的目光。借助岩石和水泥，地形便被浇筑成具有清晰边缘和平面的挺括形状结构。

地形不仅可被组合成各种不同的形状，还能在阳光和气候的影响下产生不同的视觉效应。阳光照射某一特殊地形时产生的阴影变化，一般都会给人一种赏心悦目的感觉。

当然，上述情形每一天、每一个季节都在发生变化。此外，降雨和降雾也能改变地形的视觉效果。

四、地形的处理与设计

（一）地形处理应考虑的因素

1.考虑原有地形

自然风景类型众多，有山岳、丘陵、草原、沙漠以及江、河、湖、海等景观。设计者利用原有的地形，或稍加人工点缀和润色，这些自然景观便能成为风景名胜。在考虑利用原有地形时，应考虑到选址的重要性。有良好的自然条件可以借用，能取得事半功倍的效果。

2.根据景观分区处理地形

能够在景观绿地中开展的活动有很多，不同的活动对地形有不同的要求。例如，游人集中的地方和体育活动场所，要求地形平坦；划船游泳，需要有河流湖泊；登高眺望，需要有高地或山冈；文娱活动需要许多室内外活动场地；安静休息和游览赏景则要求有山林溪流；等等。在风景园林设计中必须考虑不同分区有不同地形，而地形变化本身也能形成灵活多变的景观空间，这比用建筑创造的空间更具有生气，更有自然情趣。

3.要有利于景观地面排水

景观绿地每天有大量游人，雨后绿地中不能有积水，这样才能尽快供游人活动。景观中常利用自然地形的坡度进行排水。因此，在创造一定起伏的地形时，要合理安排分水和汇水线，保证地形具有较好的自然排水条件。景观中每块绿地都应有一定的排水方向，可直接流入水体或是由铺装路面排入水体，排水坡度可允许有起伏，但总的排水方向应该明确。

4.要考虑坡面的稳定性

如果地形起伏过大，或坡度不大但同一坡度的坡面延伸过长，则会形成地表径流，导致滑坡。因此，地形起伏应适度，坡长应适中。一般来说，坡度小于 1%的地形易积水，表面不稳定；坡度介于 1%～5%的地形便于排水，适合安排大多数活动内容，但当同一坡面过长时，显得较单调，易形成地表径流；坡度介于 5%～10%之间的地形排水良好，而且具有起伏感；坡度大于 10%的地形只有局部可以利用。

5.要考虑为植物栽培创造条件

城市景观规划用地不适合植物生长，因此在进行风景园林规划设计时，要通过利用和改造地形，为植物的生长发育创造良好的环境条件。例如，在低洼的地形中，可挖土堆山，抬高地面，以利于多数乔、灌木的生长。利用地形坡面，创造相对温暖的小气候条件，以利于喜温植物的生长等。

（二）地形处理的方法

首先，巧借地形。①利用环抱的土山或人工土丘挡风，创造向阳盆地和局部的小气候，防止当地常年遭受风雪侵袭；②利用起伏地形，适当加大高差至超过人的视线高度（1 700 mm），按"俗则屏之"的原则制造障景。③以土代墙，利用地形"围而不障"，以起伏连绵的土山代替景墙以"隔景"。

其次，巧改地形。建造平台园地或在坡地上修筑道路或建造房屋时，采用半挖半填式的改造方法，可获得事半功倍的效果。

再次，将土方的平衡与景观造景相结合。尽可能就地平衡土方，将挖池与堆山相结合，使开湖与造堤相配合，使土方就近平衡，相得益彰。

最后，安排与地形风向有关的有旅游等特殊要求的用地，如风帆码头、烧烤场地等。

（三）地形设计的表示方法

1.设计等高线法

设计等高线法在设计中可以用于表示坡度的陡缓（通过等高线的疏密），平垫沟谷（用平直的设计等高线和拟平垫部分的同值等高线连接），平整场地等。

2.方格网法

根据地形变化程度与要求的地形精密度确定图中网格的方格尺寸，一般间距为5～100 m。然后进行网格角点的标高计算，并用插入法求得整数高程值，把同名等高线点连起来，即成"方格网等高线"地形图。

3.透明法

为了使地形图突出和简洁，重点凸显地点和景观，避免被树木覆盖而导致喧宾夺主，可将图上树木简化，用树冠外缘轮廓线来表示，其中央用小圆圈标出树干位置即可。这样可透过树冠浓荫将建筑、小品、水面、山石等清楚地表示出来。

4.避让法

对于地形图上遮住地物的树冠乃至被树荫覆盖的建筑小品、山石水面等，一律让树冠避让开去，以便清晰、完整地表示地物、建筑及小品等。缺点是树冠为避让而失去完整性，不及透明法完整。

其他的表示方法还有立面图和剖面图法、轮廓线法、斜轴测投影法等。

第二节　景观水体

水是景观的重要组成要素。不论是西方的古典规则式景观，还是中国的自然山水景观，不论是北方的皇家景观，还是小巧别致的江南私家景观，凡有条件者，都要引水入园，创造水景，甚至建造以水为主体的水景园。

一、景观水体的作用

①景观水体具有调节空气湿度和温度的作用，可溶解空气中的有害气体，净化空气。

②大多数景观中的水体具有蓄存园内自然降水的作用，有的还具有对外灌溉农田的作用，有的又是城市水系的组成部分。

③景观中的大型水面，是进行水上活动的地方，除供游人划船游览外，还可作为水上运动和比赛的场所。

④景观的水面又是水生植物生长的场所，可增加绿化面积，又可结合生产开展养鱼和滑冰等活动。

二、景观水体的特点

（一）有动有静

宋代画家郭熙在《林泉高致》中指出："水，活物也，其形欲深静，欲柔滑，欲汪洋，欲回环，欲肥赋，欲喷薄……"描绘出了水的动与静的情态。如镜的水面，给人以平静、安逸、清澈的感觉。飞流直下的瀑布与翻滚的流水又具有强烈的动感。

（二）有声有色

瀑布的轰鸣、溪水的潺潺、泉水的叮咚，这些自然的声响能给人以不同的听觉感受，形成景观空间特色。如果将水景与人工灯光相配合，也能产生当前所盛行的彩色喷泉效果。

（三）扩大空间

人们总以"湖光山色"形容自然景色。水边的山体、桥石、建筑等均可在水中形成倒影，别有一番趣味。很多私家景观为克服小面积园地给人的视觉带来的阻塞感，常将较大的水面集中布局在建筑周边，用水面扩大空间。

三、景观水体的表现形式

景观水体布局可分为集中与分散两种基本形式，多数是集中与分散相结合，纯集中或分散的占少数。小型绿地游园和庭院中的水景设施如果很小，集中与分散的对比关系很弱，不宜用模式定性。

（一）集中形式

集中形式又可分为两种。

第一种，整个园林以水域为中心，建筑和山地沿水域周围环列，形成一种向心、内聚的格局。这种布局形式，可使有限的小空间具有豁然开朗的效果，使大面积的景观具有"纳千顷之汪洋，收四时之烂漫"的效果。例如，颐和园中的谐趣园，水面居中，周围有建筑以回廊相连，外层又用岗阜环抱。虽是面积不大的园中园，却使人感到空间的开阔。北海也是周边式布局，水面居中，因实际面积大，故使人有开阔之感。

第二种，水平集中于园的一侧，形成山环水抱或山水各半的格局。例如，在颐和园中，万寿山位于北面，昆明湖集中在山的南面，后湖河也称苏州河，在万寿山北山脚环抱，通过谐趣园的水面与昆明湖的大水面相通。

（二）分散形式

分散形式是指将水面分割使其分散成若干小块和条状，形成各自独立的小空间，彼此明通或暗通，空间之间进行实隔或虚隔；也可设计曲折、开合与明暗变化的带状溪流或小河，形成水陆相映、岛屿间列、小桥凌波的水乡景象。例如，颐和园的苏州河，陶然亭中的溪流、瀑布。在同一园中，有集中的水面，有分散的水面，可形成强烈的对比，更具自然情趣。在规则式景观中，分散的水景主要有喷泉、水池、壁泉、跌水等形式。

至于水体的形状，不论集中的水面还是分散的水面，均依景观的整体布局和自然式的风格而定。

①规则式景观：水体多为几何形状，水岸为垂直砌筑驳岸。

②自然式景观：水体形状多呈自然曲线，水岸也多为自然驳岸。

有时在自然式景观中，不论是集中的大水面，还是分散的小水面，也有采用或部分采用垂直砌筑的规则式驳岸的，甚至有些分散的水面在某些自然式空间中采用集合形状，如颐和园中的扬仁风庭院水池，一半是方形的，另一半是由假山石砌筑成的自然式的。

四、景观水体的类型

（一）规则式景观水体

规则式景观水体主要有河（运河式）、水池、喷泉、涌泉、壁泉、规则式瀑布和跌水等。

（二）自然式景观水体

自然式景观水体主要有河、湖（海）、溪、涧、泉、瀑布、井及自然式水池等。

五、景观水体的构建形式

景观中集中形式的水面也要用分隔与联系的手法，增加空间的层次感，在开敞的水面空间造景，其主要形式有岛以及堤、桥、汀步等。

（一）岛

岛在景观中可划分水面的空间，可使水面形成几种有情趣的水域，而且水面仍有连续的整体性，尤其在较大的水面上，岛可以打破水面平淡的单调感。岛居于水中，为块状陆地，四周有开放的视觉环境，是欣赏风景的中心点，同时又是吸引人们目光的视觉焦点，故可在岛上与对岸边建立对景。由于岛位于水中，增加了水中空间的层次，所以又具有障景的作用。通过桥和水路进岛，又增加了游览兴趣。

1.岛的类型

（1）山岛

即在岛上设山，抬高登高的视点，有以土为主的土山岛和以石为主的石山岛。土山因土壤的稳定坡度受限制，不易过高，但山势较缓，可大量种植树木，丰富山体和色彩；石山可以创造悬崖及陡峭的山势，如不是天然山岛，只靠人工修筑，则只宜小巧，故土石相结合的山更为理想。山岛上可设建筑，形成垂直构图中心或主景，如北海琼华岛。

（2）平岛

岛上不堆山，以高出水面的平地为标准，地形可有缓坡的起伏变化，因有较大的活动平地适于安排群众性活动，故可将一些人员集中、又需加强管理的活动安排在岛上，如文艺演出等，只需把住入口的桥头即可。如不设桥的平岛，不宜安排过多的游人活动内容。如在平岛上建造景观建筑，建筑物最好在两层以上。

（3）半岛

半岛是陆地深入水中的一部分，一面接陆地，三面临水，半岛端点可适当抬高成石矶，矶下有部分平地临水，可上下眺望，又有竖向的层次感，也可在临水的平地上建廊、榭，使其深入水中，连通岛上道路与陆上道路。

（4）礁

礁是水中散置的点石，石体要求玲珑奇巧或状态特异，作为水中的观赏性孤石，不许游人登上，在小水面中可达到与岛类似的艺术效果。

2.岛的布局

水中设岛时，最好不要居中，岛的形状也不要整齐划一。一般多设于水的一侧或中心处。大型水面可设 1～3 个大小不同、形态各异的岛屿，不宜过多，岛屿的分布应疏密有致，与全园的障景、借景景观相结合。岛的面积要根据所在水面的面积而定，宁小勿大。

（二）堤、桥、汀步

堤是将大型水面分隔成不同形状的带状陆地，它在景观中不多见，比较著名的有杭州的苏堤和白堤、北京颐和园的西堤等。堤上设道，道中间可设桥与涵洞，沟通两侧水面。如果堤长，可多设桥，每个桥的大小、形式应有变化。堤的设置不宜居中，须靠水面的一侧，使水面分隔成大小不等、形状有别的两个主与次的水面，堤多用直堤，少用曲堤。

也可结合拦水堤设过水面（过水坝），这种情况有跌水景观，堤上必须栽树，可以加强分隔效果，如北京颐和园西堤以杨、柳为主，玉带桥以浓郁的树林为背景，更衬出桥身的洁白。湖边植物一般应植于最高水位以上，耐湿树种可种在常水位以上，并注意开辟风景透视线。堤身不宜过高，宜使游人接近水面，堤上还可设置亭、廊、花架及座椅等休息设施。此外，水中还可设桥和汀步，使水面隔而不断。

第三节　植物

植物是构成景观的主要素材，有了植物，风景园林设计艺术的价值才能得到充分表现。由乔木、灌木、藤木等植物所创造的景观空间，在空间、色彩等方面给风景园林设计带来了极为丰富的变化。植物既具有形体曲线和色彩方面的自然美，又可产生有益于人类生存和生活的生态效应。所以从生态平衡和美化环境的角度来看，景观植物是景观中最主要的物质要素。

一、花坛的设计

（一）造景特征

花坛是指在具有一定几何形轮廓的植床内，通过种植各种不同的观赏植物，以形成华丽色彩或精美图案的一种花卉种植类型。花坛主要是通过色彩或图案来表现植物的群体美，而不是植株的个体美。花坛具有装饰特性，在景观造景中，常作为主景或配景。

（二）主要类型

1.根据表现主题不同来分

（1）花丛花坛

花丛花坛又称盛花花坛，以花卉群体色彩美为表现主题，多选择开花繁茂、色彩鲜艳、花期一致的一二年生花卉或球根花卉，含苞欲放时带土栽植。

（2）模纹花坛

模纹花坛又称图案式花坛，常采用不同色彩的观叶植物或花叶兼美的观赏植物，设计各种精美的图案纹样，以突出表现花坛群体的图案美。模纹花坛根据表现主题的不同可分为纯装饰性模纹花坛和标题式模纹花坛。其中，标题式模纹花坛有文字花坛、肖像花坛、图徽花坛、日历花坛、时钟花坛等。

（3）混合花坛

混合花坛是花丛花坛与模纹花坛的混合形式，兼有华丽的色彩和精美的图案。

2.根据规划方式不同来分

（1）独立花坛

独立花坛常作为景观局部构图的一个主体而独立存在，具有一定的几何形轮廓。其平面外形总是对称的几何图形，或轴线对称，或辐射对称；其长短轴之比应小于 3；其面积不宜太大，中间不设道路，游人不得入内。独立花坛多布置在建筑广场的中心、公园出入口空旷处、道路交叉口等地。

（2）组群花坛

组群花坛是由多个个体花坛组成的一个不可分割的构图整体。个体花坛之间为草坪或铺装场地，允许游人入内游憩。整体构图也是对称布局的，但构成组群花坛的个体花坛不一定是对称的。其构图中心可以是独立花坛，也可以是其他景观小品，如水池、喷泉、雕塑等。组群花坛常布置在面积较大的建筑广场中心、大型公共建筑前面或规则式景观的构图中心。

（3）带状花坛

带状花坛是指花坛的长度和宽度比值大于 3 的花坛。在连续的景观构图中，带状花坛常作为主体来布置，也可作为观赏花坛的镶边、道路两侧建筑物墙基的装饰等。

（4）立体花坛

随着现代生活环境的改变以及人们审美要求的提高，景观设计及欣赏要求逐渐向多层次、主题化的方向发展，花坛除在平面表现其色彩、图案美之外，同时还在其立面造型、空间组合上有所变化，即采用立体组合形式，从而增加了花坛的观赏角度，扩大了观赏范围。

（三）设计要点

花坛设计要按照整体空间布局进行相应的布置，若主景花坛配置有雕塑、喷泉等景观，则花坛的图案、色彩要作为陪衬，不可喧宾夺主。花坛的实际面积最好与各广场的总体面积成正比，在广场、十字路口等行人和车辆密集处，为了便于人流集散以及车辆转弯，其外形要与广场的形状有所区别。例如，方形广场中央适宜布置圆形花坛，且在造型上要有对称性，花坛中轴应与总体平面轴方向一致，纵横轴参考建筑、广场的纵横轴，并保证总体方向的连贯性。同时，花坛的质感、色彩要与周围的环境协调一致，充分发挥季节效应，按花坛类型、季节景观选择不同的花卉品种。对于造型不易保持、花期不等、花大且少的品种，不宜作为花坛花卉。另外，要想突出花坛的图形，通常可以选用生长缓慢的观叶植物。

1.植物选择

（1）花丛花坛

花丛花坛主要表现色彩美，多选择花期一致、花期较长、花大色艳、开花繁茂、花序高矮一致或呈水平分布的一二年生草本花卉或球根花卉，如金盏菊、一串红、郁金香、金鱼草、鸡冠花等。一般不用观叶或木本植物。

（2）模纹花坛

模纹花坛以表现图案美为主，要求图案纹样相对稳定，维持较长的观赏期。植物多采用植株低矮、枝叶稀密、生命力强、耐修剪的观叶植物，如瓜子黄杨、金叶女贞等；也可选择花期较长、花期一致、花小而密，花叶兼美的观花植物，如四季海棠、宝石花等。

2.平面布置

花坛平面外形轮廓总体上应与广场、草坪等周围环境的平面构成相协调，但在局部处理上要有所变化，使艺术构图在统一中求变化，在变化中求统一。

作为主景的花坛要有良好的景观效果，可以是华丽的图案花坛或花丛花坛。作为配景的花坛，如雕塑基座或喷水池周围的花坛，其纹样应简洁，色彩宜素雅，以衬托主景为主，不可喧宾夺主。

花坛面积与环境应保持适当的比例关系，通常为1/3～1/15。一般作为观赏用的草坪花坛面积比例可稍大一些，华丽的花坛面积比例可稍小一些。在人流量较大的广场上，花坛面积比例可以更小一些。

3.个体设计

对于花坛内部的图案纹样，花丛花坛宜简洁，模纹花坛可富于变化；纹样线条宽度不能太细，最少为10 cm。

个体花坛面积不宜过大，大则不利于观赏且易产生变形。一般模纹花坛直径或短轴为8～10 m，花丛花坛直径或短轴为15～20 m。

植床的要求：为突出花坛主体及其轮廓变化，可将花坛植床适当抬高，高出地面 7～10 cm。为利于观赏和排水，常将花坛中央隆起，成为向四周倾斜的和缓曲面，形成一定的坡度。植床土层厚度因植物种类而异，1～2 年生花卉通常为 20～30 cm，多年生花卉或灌木通常为 40～50 cm。为使花坛有一个清晰的轮廓，同时防止水土流失，植床边缘常用缘石围护。围护材料可用砖、卵石、混凝土、树桩等，缘石高度和宽度应为 10～30 cm，造型宜简洁，色彩应淡雅。

二、花境

（一）造景特性

花境是在长形带状具有规则轮廓的植床内采用自然式种植方式配置观赏植物的一种花卉种植类型。花境平面外形轮廓与带状花坛相似，其植床两边是平行直线或几何曲线，花境内部的植物配置完全采用自然式种植方式，兼有规划式和自然式布局的特点，是景观构图中从规划式向自然式过渡的半自然式（混合式）的种植形式。它主要表现观赏植物本身特有的自然美，以及观赏植物自然组合的群体美。在景观造景中，花境既可为主景，也可为配景。

（二）主要类型

1.根据植物材料不同来划分

①灌木花境：主要由观花、观果或观叶灌木构成，如由月季、南天竹等组成的花境。

②宿根花卉花境：由当地可以露地越冬、适应性较强的耐寒多年生宿根花卉构成。如鸢尾、芍药、玉簪、萱草等。

③球根花卉花境：由球根花卉组成的花境，如百合、石蒜、水仙、唐菖蒲等。

④专类植物花境：由一类或一种植物组成的花境，如蕨类植物花境、芍药花境、蔷薇花境等。此类花境在植物变种或品种上要有差异，以求变化。

⑤混合花境：主要指由灌木和宿根花卉混合构成的花境，在景观中应用较为普遍。

2.根据规则设计方式不同来划分

①单面观赏花境：植物配置形成一个斜面，低矮植物在前，高的在后，以建筑或绿篱笆作为背景，仅供游人单面观赏。

②双面观赏花境：植物配置为中间较高，两边较低，可供游人从两面观赏，故花境不需要背景。

（三）布设位置

①建筑物和道路之间。作为基础栽植，为单面观赏花境。

②道路中央或两侧。在道路中央为两面观赏花境，两侧可为单面观赏花境，背景为绿篱或行道树、建筑物等。

③与绿篱配合。在规则式景观中，常用修剪过的绿篱，在绿篱前方布置花境最为适宜，花境可装饰绿篱单调的基部，绿篱可作为花境的背景，二者相映成趣，相得益彰。花境前可设置小道，供游人驻足欣赏。

④与花架、游廊配合。花境是连续的景观构图，可满足游人动态观赏的要求。沿着花架、游廊的两旁布置花境，可供游人在游憩过程中欣赏。

⑤与围墙、挡土墙配合。在围墙、挡土墙前面布置单面观赏花境，可丰富围墙、挡土墙的立面景观。

（四）植物配置

1.植物选择

常用花期较长、花叶兼美、花朵花序呈垂直分布的耐寒多年生花卉和灌木，如玉簪、鸢尾、蜀葵、宿根飞燕草等。

2.配置方式

花境内部观赏植物以自然式花丛为基本单元进行配置，形成主调、基调、配调明确的景观。

（五）镶边植物

花境观赏面植床的边缘通常用植物进行镶边，镶边植物可以是多年生草本植物，也可以是常绿矮灌木植物，但要求四季常绿或长时间保持美观，如葱莲、金叶女贞、瓜子黄杨等。镶边植物的高度，一般草本花境为 15～20 cm，灌木花境为 30～40 cm。若用草皮镶边，其宽度应大于 40 cm。镶边的矮灌木植物要经常修剪。

（六）花境背景

在景观设计中，两面观赏和单面观赏的花境最受设计者青睐。两面观赏花境不需要背景，单面观赏花境则需要设置背景，或为装饰性围墙、常绿绿篱等。两面观赏性园林景观通常会种植在马路正中间，两侧种花，正中间种高大植物，二者相互映衬，符合大众的审美眼光。而且高大植物一般不超过人的视线，这样行人在过马路时可以欣赏到两面不同的景观。单面观赏即从一个方向进行观赏，这种园林花卉一般栽种在道路两边或建筑物周边，能够达到良好的衬托效果。在植物的合理布局上，色彩、建筑形式和建筑特色也要相对统一。

另外，花境还可与游廊、花架等相互配合，布置出富有特色、令人赏心悦目的景观。在观赏花境中，会有一种或多种观赏植物。此类植物形状多样，赏心悦目，在表现花境层次上具有极佳的景观效果。在花境构图法中，不同的观赏植物可呈现不同大小、不同风格的花境，在营造园林景观的诗情画意方面具有独特的优势。

（七）种植床要求

花境种植床外边缘通常与道路或草地相平，中央高出 7～10 cm，以保持一定的排水坡度；由于花境内种植的观赏植物以多年生花卉和灌木为主，故其种植床土层厚度应为 40～50 cm，同时，要注意改良土壤的理化性质，在土壤内加入腐熟的堆肥、泥炭土和腐叶土等；花境植床宽度，单面观赏花境一般为 3～5 m，双面观赏花境可为 4～8 m。

三、绿篱或绿墙

绿篱是耐修剪的灌木或小乔木以相等距离的株距，单行或双行排列而组成的规则绿带，是密植行列栽植的类型之一。它在景观绿地中的应用广泛，形式也较多。绿篱按修剪方式可分为规则式及自然式两种；从观赏和实用价值来讲，又可分为常绿篱、落叶篱、彩叶篱、花篱、观果篱等。

（一）绿篱的作用

1.防范作用

在景观绿地中，常以绿篱作为防范的边界，不让人们任意通行。用绿篱可以组织游人的游览路线，引导游人游览。绿篱还可以单独作为机关、学校、医院、宿舍、居民区等单位的围墙，也可以和砖墙、竹篱、栅栏等结合起来形成围墙。这种绿篱高度一般在 120 cm 以上。

2.作为景观绿地的边饰和美化材料

景观小区常需要分割成很多几何图形或形状不规则的小块以便观赏，多以矮小的绿篱各自相围。有时花境、花坛和观赏性草坪的周围也需用矮小的绿篱相围，称为"镶边"。适于做装饰性的矮篱有雀舌黄杨、金露梅、洒金柏等小叶且生长缓慢的植物，它可突出图案的效果。

3.作为屏障和组织空间层次

在各类绿地及绿化地带中，通常习惯用高绿篱作为屏障来分割空间层次，或用它分割不同的功能区，如公园的游乐场地周围、学校教学楼和球场之间、工厂的生产区和生活区之间、医院病房区周围都可配置高绿篱，以阻隔视线，隔绝噪声，避免区域之间相互干扰。

4.作为景观背景

景观中常将常绿树修剪成各种形式的绿墙，作为花境、喷泉、雕像的背景。将绿篱作为花境的背景可以使得百花更加艳丽。喷泉或雕像如果有相应的绿篱作背景，白色的水柱或浅色的雕像会显得更加鲜明、生动。

（二）绿篱的类型与植物选择

1.按绿篱高度分

①绿墙：高度在 160 cm 以上，有的在绿墙中设计绿色的洞门。

②高绿篱：高度为 120～160 cm，不遮挡人的视线，但不能跨越。

③中绿篱：高度为 50～120 cm。

④矮绿篱：高度在 50 cm 以下，人能够跨越。

2.根据功能要求和观赏要求分

（1）常绿篱

常绿篱一般由灌木或小乔木组成，是景观绿地中应用最多的绿篱形式。该绿篱常修剪成规则式。常采用的树种有松柏、侧柏、大叶黄杨、瓜子黄杨、女贞、珊瑚树等。

（2）花篱

花篱是由枝密花多的花灌木组成的，通常任其自然生长为不规则形式，至多修剪过长的枝条。花篱是景观绿地中比较精美的绿篱形式，一般多用于重点绿化地带，其中常绿芳香花灌木树种有桂花、栀子花等。常绿及半常绿花灌木树种有六月雪、金丝桃、迎春、云南黄馨等。落叶花灌木树种有锦带花、木槿、紫荆、郁李、珍珠花等。

（3）观果篱

通常由果实色彩鲜艳的灌木组成，在秋季果实成熟时，景观别具一格。观果篱常用树种有枸杞、火棘、紫珠、忍冬、胡颓子以及花椒等。观果篱在景观绿地中应用还较少，一般在重点绿化地带使用，在养护管理上通常不进行大的修剪，至多剪除其过长的徒长枝，如果修剪过重，则结果率降低，会影响观果效果。

（4）编篱

编篱通常由枝条韧性较大的灌木组成，将幼嫩时期的植物枝条编结成一定的网状或格栅状的形式。编篱既可编成规则式，亦可编成自然式。常用的树种有木槿、枸杞、杞柳、紫穗槐等。

（5）刺篱

由带刺的树种组成，常见的树种有山花椒、黄刺玫、胡颓子、山皂荚等。

（6）落叶篱

由一般的落叶树种组成，常见的树种有榆树、雪柳、水蜡树、茶条槭等。

（7）蔓篱

用攀缘植物组成，需事先设供攀附的竹篱、木栅等，主要植物可选用地棉、蛇葡萄、南蛇藤、十姊妹，还可选用草本植物莺萝、牵牛花、丝瓜等。

（三）绿篱的栽培和养护

绿篱的栽植时间一般在春季。栽植的密度根据使用功能、不同树种、苗木规格和栽植地带的宽度而定。矮篱和一般绿篱，株距为 30～50 cm，行距为 40～60 cm。双行栽植时可按三角形交叉排列。

绿篱栽植时，先按设计的位置放线，绿篱中心线与道路的距离应等于绿篱养成后宽度的一半。绿篱栽植一般用沟植法，即按行距的宽度开沟，沟深应比苗根深 30～40 cm，以便换土施肥，栽植后即灌水，次日扶正踩实，并保留一定高度，将上部剪去。

绿篱日常养护主要是修剪。在北方通常每年早春和夏季各修剪一次，以保证发枝密集和维持一定形状。绿篱可修剪的形状很多。例如，有的绿篱可以修剪成"城堡式"，入口处可以剪成门柱形或门洞形等。

四、攀缘植物

（一）攀缘植物的生物学特性

攀缘植物是茎干柔弱纤细，自己不能直立向上生长，须以某种特殊方式攀附于其他植物或物体之上以伸展其躯干，以利于吸收充足的雨露、阳光，进而保证正常生长的一类植物。攀缘植物的这一特殊的生物学习性使其成为景观绿化中进行垂直绿化的特殊材料。攀缘植物与其他植物一样，有一二年生的草质藤本；也有多年生的木质藤本；有落叶类型；也有常绿类型。

攀缘植物按照攀缘方式可分为自身缠绕、依附攀缘和复式攀缘三大类。自身缠绕的攀缘植物没有特化的攀缘器官，而是依靠自己的主茎缠绕着其他植物或物体向上生长。依附攀缘植物则具有明显特化的攀缘器官，如吸盘、吸附根、倒钩刺、卷须等，它们利用这些攀缘器官把自身固定在支持物上而向上方和侧方生长。复式攀缘植物是兼具几种攀缘能力来实现攀缘生长的植物。在景观植物种植设计时，配置攀缘植物，应充分考虑到各种植物的生物学特性和观赏特性。

（二）攀缘植物的作用

攀缘植物种植又称垂直绿化的种植。这些藤本植物，可形成丰富的立体景观。垂直绿化能充分利用土地和空间，并能在短期内达到绿化的效果。人们常用它解决城市和某些绿地建筑拥挤、地段狭窄、无法用乔灌木绿化的困难。垂直绿化可使植物紧靠建筑物，丰富了建筑的立面，同时在遮阴、降温、防尘、隔离等方面也有显著效果。城市绿化和景观建设中广泛地应用攀缘植物来装饰街道、林荫道，以及挡土墙、围墙、台阶、出入口、灯柱、建筑物墙面、阳台、窗台灯等。

（三）攀缘植物的种植设计

景观里常用的攀缘植物有紫藤、常春藤、五叶地锦、三叶地锦、葡萄、猕猴桃、南蛇藤、凌霄、葛藤、五味子、铁线莲、茑萝、栝楼、丝瓜、观赏南瓜等。它们的生物学特性和观赏特性各有不同。在具体种植时，要从各种攀缘植物的生物学特性出发，因地制宜，合理选用攀缘植物，同时，也要注意与环境相协调。

1.墙壁的装饰

用攀缘植物垂直绿化建筑和墙壁一般有两种情况：一种是把攀缘植物作为主要欣赏对象，给平淡的墙壁披上绿毯或花毯；另一种是把攀缘植物作为配景，以突出建筑物的某一部位。在种植时，要建造攀缘植物的支架，这是垂直绿化成败的关键。对于墙面粗糙或有粗大石缝的墙面、建筑，一般可选用有卷须、吸盘、气生根等天然附墙器官的植物，如常春藤、爬山虎、络石等。对于那些墙面光滑或个别露天的部分，可用木块、竹竿、板条建造网架，安置在建筑物墙上，以利于攀缘植物生长，有的还可牵上引绳供轻型的一二年生植物攀缘。

2.窗台、阳台等装饰

装饰性要求较高的门窗、阳台最适合用攀缘植物垂直绿化。如门窗、阳台前是泥池，则可利用支架绳索把攀缘植物引到门窗或阳台所要求的高度。如门窗、阳台前是水泥池，则可预制种植箱，为确保其牢固性及满足冬季光照需要，一般种植一二年生攀缘植物。

3.灯柱、棚架、花架等装饰

在景观绿地中，往往利用攀缘植物来美饰灯柱，可使对比强烈的垂直线条与水平线条得以调和。一般灯柱直接建立在草坪和泥地上，可以在附近直接栽种攀缘植物，在灯柱附近拉上引绳或支架，以引导植物枝叶来美饰灯柱基部。如灯柱建立在水泥地上，则可预制种植箱以种植攀缘植物。棚架和花架是景观绿地中经常使用的垂直绿地，常用木材、竹材、钢材、水泥柱等构成单边或双边花架、花廊，用一种或多种攀缘植物成排种植。种植的植物种类有葡萄、凌霄、木香、紫藤、常春藤等。

五、植物种植形式

在整个景观植物中，乔、灌木是骨干材料，在城市的绿化中起骨架支柱作用。乔、灌木具有较长的寿命和独特的观赏价值，又具有卫生防护功能。由于乔、灌木的种类多样，既可单独栽植，又可与其他植物配合组成丰富多变的景观，因此在景观绿地中所占的比重较大，一般占整个种植面积的半数左右，故在种植形式上必须重点考虑。景观植物乔、灌木的种植形式通常有以下几种。

（一）孤植

1.孤植的作用

景观中的优型树在单独栽植时称为孤植。孤植的树木称为孤植树。从广义上说，孤植并不是只种一棵树。有时为了构图需要，或给人带来繁茂、葱茏、雄伟的感觉，常将两株或三株同一品种的树木紧密地种植在一处，形成一个单元，宛如一株多干丛生的大树。这样的树，被称为孤植树。孤植树的主要功能是遮阴并作为观赏的主景，也可作为建筑物的背景和侧景。

2.孤植应具备的条件

孤植主要是为了表现树木的个体美，因此在选择树种时必须侧重个体美，如体形较大、轮廓富于变化、姿态优美、花繁实累、色彩鲜明、具有浓郁的芳香等。例如，轮廓端正的雪松，姿态多样的罗汉松、五针松，树干有观赏价值的白皮松、梧桐，花大而美的白玉兰、广玉兰，以及叶色有特殊观赏价值的元宝槭、鸡爪槭等。孤植树还应具备生长旺盛、寿命长、虫害少、适应当地条件等特点。

3.孤植的位置选择

孤植种植的位置要求比较开阔，不仅要保证树冠有足够的生长空间，而且要有比较适合观赏的视距和观赏点。尽可能有天空、水面、草坪、树林等色彩单纯而又有一定对比变化的背景加以衬托，以突出孤植树在树体、姿态、色彩方面的特色，并体现景观的变化。一般景观中的空地、岛、半岛、岸边、桥头、转弯处、山坡的突出部位、休息广场、树林空地等都可考虑种植孤植树。

孤植树在景观构图中并不是孤立的，它与周围的景物统一于景观的整体构图中。孤植树的数量较少，但如运用得当，能起到画龙点睛的效果。它可作为周围景观的配景，周围景观也可以作为它的配景，它是景观的焦点。孤植树也可作为从密林、树群、树丛过渡到另一个密林的过渡景观。

4.孤植的树种选择

宜作为孤植树的树种有雪松、金钱松、马尾松、白皮松、垂枝松、香樟、黄樟、悬铃木、榉树、麻栎、杨树、皂荚、重阳木、乌桕、广玉兰、桂花、七叶树、银杏、紫薇、垂丝海棠、樱花、红叶李、石榴、苦楝、罗汉松、白玉兰、碧桃、鹅掌楸、辛夷、青桐、桑树、白杨、杜仲、朴树、榔榆、香椿等。

（二）对植

1.对植的作用

对植一般是指两株树或两丛树，按照一定的轴线关系左右对称或均衡种植的形式，主要用于公园、建筑前、道路、广场的出入口，起遮阴和装饰美化的作用，在构图上形成配景或夹景，起陪衬和烘托主景的作用。

2.对植的种植方法

规则式对称一般采用同一树种、同一规格，按照全体景物的中轴线对称配置，一般多用于建筑较多的景观绿地。自然式对称是将两株在体形、大小上均有差异的树木（树丛），种植在不同对称等距，以主体景物的中轴线为支点取得均衡的位置，以表现树木自然的变化。规格大的树木距轴线近，规格较小的树木距轴线远，树姿动势向轴线集中。自然式对称变化较大，形成的景观更具对比性。

对植树的选择不太严格，无论是乔木还是灌木，只要树形整齐美观均可采用，在对植树附近根据需要还可配置山石花草。对植的树木在体形大小、高矮、姿态、色彩等方面应与主景和环境协调一致。

（三）丛植

树丛通常是由 2～3 株乃至 9～10 株乔木构成。树丛中如加入灌木，可多达 15 株。将同种或不同种的树木种植在一起，即称为丛植。

树丛的组合，主要考虑群体美，彼此之间既有统一的联系，又有各自的变化，主次分别配置、地位相互衬托。但丛植也必须考虑表现出单株的个体美。故在构思时，须先选择单株。选择单株树的条件与选孤植树的条件相同。

丛植在景观功能和布置要求上，与孤植树相似，但观赏效果则较孤植树更为突出。对于纯观赏或诱导树丛，可用两种以上乔木搭配，或将乔木、灌木混合配置，有时亦可将其与山石、花卉相结合。

用于庇荫的树丛，宜用品种相同、树冠较大的高大乔木，一般不与灌木相配，但树下可放置座椅或自然形成的景石，以供人们休息。通常园路不宜穿过树丛，以免破坏树丛的整体性。树丛的标高要超出四周的草坪或道路，这样既有利于排水，又在构图上显得更为突出。

作为主景用的树丛常布置在公园入口或主要道路的交叉口、弯道的凹凸部分、草坪上或草坪周围、水边、斜坡及土岗边缘等，以形成美丽的立面景观和水景画面。在人视线集中的地方，也可利用具有特殊观赏效果的树丛作为局部构图的全景。在弯道和交叉口处的树丛，又可作为自然屏障，起到十分重要的障景和引导人们游览的作用。

作为建筑、雕塑的配景或背景树丛，在一些大型的建筑旁布置孤植树或对植树，常显得不协调，或不足以衬托建筑物的气氛，这时常用树丛作为背景。为了突出雕塑、纪念碑等景物的效果，常用树丛作为背景和陪衬，形成雄伟壮丽的画面。但在植物的选择上应该注意树丛在体形、色彩方面与主体景物的协调。对于比较狭长而空旷的空间或水面，为了增加景深和层次，可利用树丛进行分隔，弥补景观单调的缺陷，增加空间层次感，如视线前方有景物可供观赏时，可将树丛分布在视线两旁或前方，以形成夹景、框景、漏景。

1.两株配合的配植

按矛盾统一原理，两树相配，必须既彼此协调又能形成对比，使二者成为对立统一的整体。故两树首先须有通相，即采用同一树种（或外形十分相似的不同树种）才能使两者统一起来；但又要有殊相，即在姿态和体形大小上，两树应有差异，才能有对比而显得生动活泼。明代画家龚贤说："二株一丛，必一俯一仰，一倚一直，一向左，一向右……"画树是如此，景观里树丛的布置也是如此。在此必须指出，两株树的距离应小于小树树冠直径的长度。否则，便显得松弛且有分离之感。

2.三株树丛的配植

三株树组成的树丛，树种的搭配不宜超过两种，最好是同为乔木或同为灌木，如果是单纯树丛，姿态要有对比和差异，如果是混交树丛，则单株应避免选择最大的或最小的树形，栽植时三株忌在同一直线上，也忌呈等边三角形布局。三株中最大的那一株和最小的那一株要靠近些，在动势上要有呼应，三株树呈不等边三角形布局。在选择树种时要避免因体量差异太悬殊、姿态对比太强烈而造成构图的不统一。

例如，在一株大乔木广玉兰之下配植两株小灌木红叶李，或者在两株大乔木香樟下配植一株小灌木紫荆，由于体量差异太大，配植在一起对比太强烈，构图效果就不好。再如，一株落羽杉和两株龙爪槐配植在一起，因为体形和姿态对比太强烈，构图就会显得不协调。因此，三株配植的树丛，最好选择树种相同但体形、姿态不同的树进行配植。如采用两种树种，最好为类似的树种，如落羽杉与水杉或池柏，山茶与桂花，桃花与樱花，红叶与石楠等。

3.四株树丛的配植

四株树丛的配植，可以采用单一树种，也可以采用两种不同的树种。如果是同一树种，各株树在体形、姿态上的要求有所不同，如果是两种不同的树种，最好选择外形相似的不同树种，但外形相差不能很大，否则就难以协调，四株配合的平面可有两个类型：一为不等边的四边形；一为不等边的三角形，以3：1的比例组合，而四株中最大的那株必须在三角形内，其中不能有任何三株排列成一条直线。

4.五株树丛的配植

五株树丛的树可以分为两组，这两组的数量之比可以是3：2，也可以是4：1。在3：2的配植中，要注意最大的那株必须在三株的一组中，在4：1的配植中，要注意单独的一组不能是最大的也不能是最小的。两组的距离不能太远，树种可以是同一树种，也可以是两个或三个不同树种，如果是两个树种，则一种树为三株，另一种树为两株，而且在体形、大小上要有差异，不能一种树为一株，另一种树为四株，这样就不合适，易失去均衡。栽植形式可分为不等边的三角形、四边形、五边形。

在具体布置上，可以由常绿树组成稳定树丛、由常绿树和落叶树组成半稳定树丛、由落叶树组成不稳定树丛。在3：2或4：1的配植中，同一树种不能在一组中，这样不易呼应，没有变化，容易产生其是两个树丛的感觉。

5.六株以上的配植

六株树丛的配植，一般是由两株、三株、四株、五株等基本形式交相搭配而成的。例如，两株与四株搭配，则构成六株的组合；五株与两株相搭，则为七株的组合。它们均是几个基本形式的复合体。因此，株数虽增多，仍有规律可循。只要掌握好基本形式，七株、八株、九株乃至更多株树丛的配植，均可类推。其关键在于在协调中体现出对比，在差异中保持稳定。

株数过多时，树种可适当增加，但必须注意外形不能差异太大。一般来说，树丛总株数在七株以下时，树种不宜超过三个，在十五株以下时，树种不宜超过五个。

（四）群植

用数量较多的乔灌木（或加上地被植物）配植在一起，形成一个整体，称为群植。树群的灌木一般在 20 株以上。树群与树丛不仅在规格、颜色、姿态上有差别，而且在表现的内容方面也有差异。树群表现的是整个植物体的群体美，观赏点在于层次、林缘和林冠等。

树群是景观的骨干，用以组织空间层次，划分区域；根据需要，也可以一定的方式组成主景或配景，起隔离、屏障等作用。

因树种的不同，树群可以配植成单纯树群或混交树群。混交树群是景观中树群的主要形式，所用的树种较多，能够使林缘、林冠形式表现出不同的层次。混交树群一般可分为四层：最高层是乔木层，是林冠线的主体，要求有起伏的变化；乔木层下面是亚乔木层，这一层要求叶形、叶色都要有一定的观赏效果，与乔木层在颜色上形成对比；亚乔木层下面是灌木层，这一层要布置在接近人们的向阳处，以花灌木为主；最下一层是草本地被植物层。

树群内的植物栽植距离要有疏密变化，要构成不等边三角形，不能成排、成行、成带地等距离栽植。常绿、落叶、观叶、观花的树木，因面积不大，不能用带状混交，也不可用片状混交，应该用复合混交、小块混交与点状混交相结合的形式。

在树种的选择方面，应注意组成树群的各类树种的生物学习性，在外缘的树木受环境的影响大，在内部的树木相互间影响较大。树群在郁闭之前栽植，受外界影响较小。根据这一特点，喜光的阳性树不宜植于群内，更不宜将其作为下木，阴性树木宜植于树群内。树群的第一层乔木应该是阳性树，第二层亚乔木则应是中性树，第三层分布在东、南、西三面外缘的灌木，可以是阳性的，而分布在乔木下面以及北面的灌木则应该是中性树或是阴性树。喜暖的植物应

63

配植在南面或西南面。

在配置树群时要注意植物的季相变化，使整个树群在四季都有变化。例如，以广玉兰为大乔木，白玉兰、紫玉兰或红枫为亚乔木，山茶、含笑为大灌木，火棘、麻叶绣球为小灌木。广玉兰为常绿阔叶乔木，作为背景，可使玉兰的白花特别鲜明，山茶和含笑为常绿中性喜暖灌木，可将其作为下木，火棘为阳性常绿小灌木，麻叶绣球为阳性落叶花冠木。在江南地区，2月下旬山茶最先开花；3月上旬白玉兰、紫玉兰开花，白、紫相间，又有深绿广玉兰作背景；4月中下旬，麻叶绣球开白花又和大红山茶形成鲜明对比，之后含笑又继续开花，芳香浓郁；10月间火棘又结红色硕果，红枫叶色转为红色，这样的配植，兼顾了树群内各种植物的生物学特性，又丰富了季相变化，使整个树群生机勃勃，欣欣向荣。

当树群面积足够大、株数足够多时，它既构成森林景观又具有特别的防护功能，这样的大树群则称为林植或树林，它是成片大量栽植乔、灌木的一种景观绿地。树林在景观绿地面积较大的风景区中应用较多。一般可分为密林、疏林两种，密林的郁闭度为70%～95%，疏林的郁闭度则为40%～60%。树林又分为纯林和混交林。一般来说，纯林树种单一，树木生长速度一致，形成的林缘线较单调、平淡，而混交林树种变化多样，形成的林缘线季相变化复杂，绿化效果也较好。

（五）列植

列植指乔、灌木按一定的直线或缓弯线成排成行地栽植。列植形成的景观比较单纯、整齐，它是规划式景观以及在广场、道路、工厂、矿山、居住区、办公楼等绿化中广泛应用的一种形式。列植可以是单行，也可以是多行，其株距的大小取决于树冠的成年冠径。如需在短期内产生绿化效果，株距可适当小一些，待成年之后伐去一部分树，来解决树木过密的问题。

列植的树种，从树冠形态看最好比较整齐，如圆形、卵圆形、椭圆形、塔形的树冠。枝叶稀疏、树冠不整齐的树种不宜使用。由于行列栽植的地点一般受外界环境的影响大,立地条件差,在树种的选择上,应尽可能采用生命力强、耐修剪、树干高、抗病虫害的树种。在种植时要处理好树木和道路、建筑物、地下和地上各种管线的关系。

列植范围加大后,可形成林带。林带是指数量众多的乔灌林树种呈带状种植,是列植的扩展种植,它在景观绿化中用途很广,有遮阴、分割空间、屏障视线、防风、阻隔噪声等用途。用于遮阴的乔木,应该选用树冠伞状展开的树种。亚乔木和灌木要耐阴,数量不能多。林带与列植的不同在于林带树木能成行、成排、等距栽植。林带可由多种乔、灌木树种结合,在树种选择上要富于变化,以形成不同的季相景观。

第三章　风景园林的
美学设计和色彩设计

第一节　风景园林的美学设计

美是一种客观存在的社会现象。人类通过创造性的劳动实践，把真和善的本质力量在对象中表现出来，从而使对象成为一种能够引起人们爱慕和喜悦感情的观赏形象。

景观美源于自然，又高于自然，是自然造化的典型表现，是自然美的再现。它随着文学、绘画、艺术和宗教活动的发展而发展，是自然景观和人文景观的高度统一。

景观美具有多元性，表现在构成景观的多元要素之中和各要素的不同组合之中。景观美也具有多样性，主要表现在其历史、民族、地域、时代性的多样统一之中。风景园林景观具有绝对性与相对性差异，这是因为它包含自然美和社会美。

一、自然美

自然景物和动物的美称为自然美。自然往往以其色彩、形状、质感、声音等感性特征直接给人以美感，它所反映的社会内涵往往是曲折、隐晦、间接的。人们在欣赏自然风景时往往关注新奇、雄浑、雅致的景观，而不注重它所包含的社会功利性内容。

许多自然事物，因其具有与人类社会相似的一些特征，可成为人类社会生活的一种寓意和象征，成为生活美的一种特殊表现；另一些自然事物因符合形式美法则，当人们在对其进行直观感受时，以其所具有的条件及诸因素的组合，给人以身心和谐、精神愉悦的独特美感，并能表达人的情感和理想，表现出人的本质力量。景观的自然美有如下共性。

（一）变化性

随着时间、空间和人的文化心理结构的变化，自然美常发生明显的或微妙的变化。时间、空间的变化，人的文化素质及情绪，都会直接影响自然美。

（二）多面性

景观中的同一自然景物，可以因人的主观意识与处境而向相互对立的方向转化。景观中完全不同的景物，有时也可以产生同样的效果。

（三）综合性

景观作为一种综合艺术，其自然美常表现在动静结合中，如山静水动、树静风动、物静人动、石静影移、水静鱼游；在动静结合中，往往又有寓静于动和寓动于静之分。

二、生活美

园林作为一个现实的物质生活环境，是一个可游、可憩、可赏、可学、可居、可食的综合活动空间，其布局必须能让游人在游园时感到舒适。

首先应保证园林环境清洁卫生，空气清新，无烟尘污染，水体清透。要有适宜人生活的小气候，使气温、风等的综合作用达到理想的要求。冬季要防风，夏季能纳凉，有一定的水面、空旷的草地及大面积的遮阴树林。

其次，还应该有方便的交通、良好的治安和完美的服务设施。在休闲娱乐方面，有划船、游泳、溜冰等体育活动设施。在文化生活方面，有各种展览、舞台艺术、音乐演奏等场地。这些都能给人们带来美的感受。

三、艺术美

现实美是美的客观存在的形态，而艺术美则是现实美的升华。艺术美是人对现实生活的全部感受、体验、理解的加工提炼，是人类现实审美的集中表现，艺术美通过将精神产品传达到社会中，推动现实生活中美的创造。

现实生活虽然生动、丰富多彩，却代替不了艺术美。从生活到艺术是一个创造过程。艺术家是按照美的规律和自己的审美理想去创造作品的。艺术有其独特的反映方式，艺术是通过创造艺术形象具体地反映社会生活、表现作者思想感情的一种社会意识形态。艺术美是意识形态的美，其具体特征如下。

①形象性。形象性是艺术的基本特征，艺术家用具体的形象反映社会生活。

②典型性。艺术形象虽来源于现实生活，但又高于现实生活，它比现实生活更具有典型性。

③审美性。艺术形象要具有一定的审美价值，能给人以美感，使人获得美的享受，培养人的审美情趣，进一步提高人们创造美的能力。

艺术美是艺术作品的美。景观作为艺术作品，景观艺术美也就是景观美，它是一种时空综合的艺术美。在体现时间艺术美方面，它具有诗与音乐般的节奏与旋律，能使人通过想象与联想将一系列的感受转化为艺术形象。在体现空间艺术美方面，景观艺术具有比一般图形艺术更为完备的三维空间，既能使人感受和触摸，又能使人深入其中，观赏和体验到它的序列、层次、高低、大小、宽窄、深浅、色彩。中国传统景观，是以山水画的艺术构图为形式、以山水诗的艺术境界为内涵的典型的时空综合艺术，其艺术美是融诗画为一体的，是内容与形式协调统一的美。

四、形式美

自然常以其形式美影响人们的审美感受，各种景物都是由外形式和内形式组成的。外形式由景物的材料、质地、体态、线条、光泽、色彩等要素构成；内形式是由上述要素按不同规律组织起来的结构形式或结构特征。例如，一般植物都是由根、茎、叶、花、果实、种子组成的，然而植物各自的特点和组成方式的不同导致自然界有成千上万的植物个体和群体，构成了乔、灌、藤、花卉等不同的形态。

形式美是人类在长期的社会生产实践中发现的，它具有一定的普遍性、规定性和共同性。但是人类的生产实践和意识形态在不断地变化，并且人类社会还存在着各种不同的文化、民族、宗教、语言和习俗等，因此形式美又具有变化性、相对性和差异性。但是，形式美是在不断升华的，表现为人类健康、向上、创新和进步的愿望。

从形式美的外形式方面加以描述，其表现形态主要有线条美、图形美、体形美、光影色彩美、朦胧美等几个方面。

在长期的社会劳动实践中，人们按照美的规律塑造景物的外形，逐渐发现了一些形式美的规律。

（一）主与从

主体是空间构图的重心或重点，也起主导作用，其余的客体对主体起陪衬或烘托作用。这样主次分明，相得益彰，才能共存于统一的构图之中。若是主体孤立，缺乏必要的客体衬托，就变成"孤家寡人"了，如过分强调客体，则会出现喧宾夺主或主次不分的情况，这都会导致构图失败。所以，整体景观构图乃至局部景观构图都要重视这个问题。

（二）对称与均衡

对称与均衡是在量上呈现的形式美。对称是以一条线为中轴，形成左右或上下在量上的均等。它是人类在长期的社会实践活动中，通过观察自身和周围的环境而总结出的规律，是事物自身结构和存在方式的一种体现。而均衡是对称的一种延伸，指事物的两部分在形体布局上不相等，但双方在量上却大致相当。均衡是一种不等形但等量的特殊形式的对称。也就是说，对称的一定均衡，但均衡的不一定对称，因此均衡可分为对称均衡和不对称均衡。

1.对称均衡

对称均衡，又称静态均衡，就是景物以某轴线为中心，在相对静止的条件下，构成左右或上下对称的形式，在心理学上表现为稳定、庄重和理性。对称均衡经常在规则式景观中使用，如纪念性景观，公共建筑前的绿化，古典景观前成对的石狮、槐树，路两边的行道树、花坛、雕塑等。

2.不对称均衡

不对称均衡，又称动态均衡、动势均衡。不对称均衡的创作方法一般有以下几种。

①构图中心法。即在群体景物中，有意识地强调一个构图中心，而使其他部分均与其形成对应关系，从而在总体上获得均衡感。

②杠杆均衡法。又称动态平衡法。根据杠杆力矩原理，将不同体量或重量感的景物置于相对应的位置而获得平衡感。

③惯性心理法。又称运动平衡法。人在劳动实践中形成了习惯性重心感，若重心产生偏移，则必然出现动势，以求得新的均衡。人体活动一般在立三角形中取得平衡。根据这些规律，在景观造景中可以广泛地运用三角形构图法，景观静态空间与动态空间的重心处理是保证景观均衡的有效方法。

不对称均衡被广泛地应用于一般游憩性的自然式景观绿地中，如树丛、散置山石、自然水池，常给人以轻松、自由、活泼的感觉。

（三）对比与协调

对比是比较心理的产物，它是对风景或艺术品之间存在的差异和矛盾加以组合利用，形成相互比较、相辅相成的呼应关系，协调是指各景物之间形成了矛盾统一体，也就是在事物的差异中强调统一的一面，使人们在柔和宁静的氛围中获得审美享受。景观景象要在对比中求协调，在协调中有对比，使景观既丰富多彩、生动活泼，又风格协调、突出主题。对比与协调只存在于同一性质之间，如体量大小，空间的开敞与封闭，线条的曲直，色调的冷暖、明暗，材料质感的粗糙与细腻等，而不同性质之间不存在协调与对比，如体量大小与色调冷暖就不能比较。

（四）多样与统一

这是形式美的基本法则，其主要意义是在艺术形式的多样变化中，要有内在的和谐与统一关系，要显示形式美的独特性，又具有艺术的整体性。多样却缺少统一，必然杂乱无章；统一而无变化，则呆板单调。多样统一还包括形式与内容的变化与统一。风景园林景观是由多种要素组成的空间艺术，要创造多样统一的艺术效果，可通过多种途径来实现。例如，形体的变化与统一，风格流派的变化与统一，图形线条的变化与统一，动势动态的变化与统一，形式内容的变化与统一，材料质地的变化与统一，线形纹理的变化与统一，尺度比例的变化与统一，局部与整体的变化与统一等。

第二节　风景园林的色彩设计

一、色彩的基础知识

（一）色相、明度和纯度

1.色相

色相是指一种颜色区别于另一种颜色的特征，简单地讲就是颜色的名称。不同波长的光具有不同的颜色。

2.明度

明度是指色彩明暗和深浅的程度，也称为亮度、明暗度。同一色相的光，在被植物体吸收或被其他颜色的光中和时，就呈现出该色相各种不饱和的色调。同一色相一般可以分为明色调、暗色调、灰色调。

3.纯度

纯度（色度、饱和度）是指颜色本身的明净程度，如果某一色相的光没有被其他色相的光中和或被物体吸收，其便是纯色。

（二）色彩的分类和感觉

1.色彩的分类

人们看到的物体的颜色，是物体表面色素将照射到它上面的光线反射到人们的眼睛里而产生的视觉，可见光是由红、橙、黄、绿、蓝、青、紫等七色光组成的。当物体被阳光照射时，由于物体本身反射与吸收光线的特性不同，就产生了不同的颜色。在夜晚或光照很弱的条件下，花草树木的颜色无从辨认，因此在一些夜晚使用的景观内，光照就显得特别重要。红、黄、蓝三种颜色被称为三原色，这三种颜色中的任意两种等量（按照 1 : 1 的比例）调和后，可以产生其他不同的颜色，即红＋黄＝橙，红＋蓝＝紫，黄＋蓝＝绿。橙、紫、绿这 3 种颜色称为三间色（二次色），红、黄、紫、橙、青、绿这 6 种颜色又被称为标准色；如果把三原色中的任意两种颜色按照 2∶1 的比例调和，又可以产生另外 6 种颜色，如 2 红＋1 黄＝红橙，1 红＋2 黄＝黄橙等，加上 6 种标准色就形成了 12 种颜色，人们把这 12 种颜色用圆周排列起来就形成了 12 种色相。每种色相在圆环上占据 30 度（1/12）圆弧，这就是人们常说的十二色相环。在色相环上，两个距离互为 180 度的颜色称为补色，而距离相差 120 度以上的两种颜色称为对比色，其中互为补色的两种颜色对比最强烈，如红与绿互为补色，红与黄互为对比色，而距离小于 120 度的两种颜色称为类似色，如红与橙为类似色。

2.色彩的感觉

（1）色彩的温度感

红、橙、黄三种颜色能使人联想起火光、阳光的颜色，因此能给人温暖的感觉，称为暖色系。而蓝色和青色是冷色系，特别是这两种颜色能让人联想到夜色、阴影，让人有寒冷的感觉。而绿色是介于冷、暖之间的一种颜色，故其温度感适中，是中性色。在景观中运用色彩的温度感时，春、秋宜采用暖色花卉，严寒地区更应该多用，而夏季宜采用冷色花卉，可以给人凉爽的感觉。但由于植物本身生长特性的限制，冷色花的种类相对较少，这时可用中性花来代替，如白色、绿色均属中性色，因此在夏季应以绿树浓荫为主。

（2）色彩的距离感

一般暖色系的色相在色彩距离上有向前接近的感觉，而冷色系的色相有后退及远离的感觉。6 种标准色的距离感由远至近的顺序是紫、青、绿、红、橙、黄。在实际应用中，为了加强作为背景的景观色彩的景深效果，应选用冷色系色相的植物。

（3）色彩的重量感

不同色相的重量感与色相间的亮度差异有关，亮度强的色相重量感弱，反之则强。例如，青色的重量感强于黄色，而白色的重量感弱于灰色，同一色相中，明色重量感强，暗色重量感弱。

色彩的重量感与景观建筑的关系较为密切，一般要求建筑的基础部分采用重量感强的暗色，而上部采用较基础部分轻的色相，这样可以给人一种稳定感，另外，在植物栽植方面，建筑的基础部分要种植色彩浓重的植物种类。

（4）色彩的面积感

一般橙色系色相，主观上给人一种扩大感，青色系的色相则给人一种收缩感。另外，亮度高的色相给人扩大感，而亮度低的色相给人收缩感。同一色相，饱和的较不饱和的面积感更强，如果将两种互为补色的色相放在一起，双方的面积感均加强。

在相同面积的前提下，水面的面积感最强，草地的面积感次之，而裸地的面积感最弱，因此在较小面积的景观中，设置水面可以获得扩大面积的效果。在色彩构图中，多运用白色和亮色，同样可以产生扩大面积的效果。

（5）色彩的运动感

橙色系色相可以给人一种较强烈的运动感，而青色系色相可以使人产生宁静的感觉，同一色相的明色运动感强，暗色运动感弱，而同一色相饱和的运动感强，不饱和的运动感弱，亮度高的色相运动感强，亮度低的运动感弱。互为补色的两种颜色相结合时，运动感最强烈，两个互为补色的色相共处一个色组中，比任何一个单独色相的运动感都要强。

在景观中，可以运用色彩的运动感创造安静与运动的环境效果，比如在景观中，休息场所和疗养地段可以多种植运动感弱的色相的植物，为人们创造一种宁静的气氛，而在运动性场所，如体育活动区、儿童活动区等，应多种植具有强烈运动感色相的植物和花卉，创造一种活泼、欢快的气氛。

（三）色彩的感情

人们对不同的色彩有不同的思想情感，色彩的感情是通过其美的形式来表现的，色彩的美可以引起人们的思想变化。色彩的感情是一个复杂的问题，对不同的国家、不同的民族，在不同时间、不同条件下，同一色相可以产生多种不同的感情，下面就这方面的内容作简单介绍。

①红色给人以兴奋、热情、喜庆、温暖之感。

②橙色给人以明亮、高贵、华丽、焦躁之感。

③黄色给人以温和、光明、纯净、轻巧、憔悴、干燥之感。

④绿色给人以青春、朝气、和平、兴旺之感。

⑤紫色给人以华贵、典雅、忧郁、专横、压抑之感。

⑥白色给人以纯洁、神圣、高雅、寒冷、轻盈及哀伤之感。

⑦黑色给人以肃穆、安静、坚实、神秘、恐怖、忧伤之感。

以上只是简单介绍几种色彩的感情，这些感情不是固定不变的，同一色相用在不同的事物上会产生不同的感觉，不同民族对同一色相的感情也是不一样的，这点要特别注意。

二、园林色彩的艺术处理

园林色彩大多来自植物，植物的花、叶、枝、干都为园林提供了丰富的色彩。除了植物，园林色彩设计还可利用天然色彩环境，如山岳因所含钟乳石、湖石、黄石、花岗岩等岩石成分不同而呈现不同的颜色；水体有蓝色的大海，绿色的漓江，水面上还有周围植物、建筑的倒影，多姿多彩；土壤有红、黑、黄等不同色彩，在设计时也可发挥不同的作用；天光云影能给园林带来意想不到的色彩效果；动物则是园林生命色彩的点缀。

除上述色彩外，人为的色彩（如油漆彩画、广告、霓虹灯、砖、瓦、路面等）也在园林色彩中占了很大一部分。例如，北方皇家园林中的建筑色彩采用暖色，大红柱子，琉璃瓦，彩绘等，显得金碧辉煌，在冬季不会给人萧条之感。江南园林建筑色彩多用冷色，白墙黑瓦、栗色柱子等十分素雅，能表现文人高雅淡泊的情操，减弱夏季的酷暑感。

江南园林喜用灰色墙壁，色调柔和而幽静，如云如雾，茫茫中仿佛没有墙壁一样，增强了空间感，同时衬托院落中的山石花木，给人以协调的美感。例如，广州白云山上的小亭，黄色的亭顶色泽美丽，体态轻盈，裸露于绿树林中，分外鲜明，起到锦上添花的效果。设计者在色彩构图上要注意减少人为色彩的比重。人为色彩会对园林造成破坏。

植物的色相丰富，但园林中并不一定要集中很多色相。植物的色彩表现时间比较短而且富于变化，四周的非生物体，如建筑物、道路等，色彩变化少，持续时间长，设计的时候要从整体出发，两种性质的色相要结合起来考虑。各国的园林家都主张园林色相在数量上不要过多，色相过多容易显得杂乱。色彩协调，景色宜人，能使人赏心悦目，心旷神怡；色彩对比过于强烈，会令人产生厌恶感；色彩复杂而纷繁，会使人眼花缭乱，心烦意乱；色彩过于单调，则会令人兴味索然。

（一）单色处理或类似色处理

虽然单一的色相过于单调且容易失去活力，但是梅林、柳林、杏林等的色彩，也可以引起美感。大面积的绿色，大面积的金黄色油菜花，景象壮观，令人赞叹。先花后叶的木本植物，以及生长低矮，开花繁茂，花期长而一致的花卉适合用单色处理，如金盏花、香雪球、藿香蓟、虞美人等。单色处理时应有足够大的面积。近似色及同色系的运用可获得协调、柔和、高雅的效果。

（二）调和色处理

色彩调和就是研究配色时色彩之间的协调关系，它包括色相调和、明度调和、彩度调和及面积调和等。它们之间相互关联又相互制约，并且因民族、地域及个人素养等因素而有所差异。①调和是把两个相接近的东西相并列，如色彩中的红与橙、橙与黄、黄与绿、绿与青、蓝与青、青与紫、紫与红都是邻近的色彩。在同一色中的层次变化（如深浅、深淡）也属于调和。调和会使人感

---

① 刘盛璜：人体工程学与室内设计，中国建筑工业出版社 1997 年版，59～69。

到协调，在变化中保持一致，比如天坛深蓝色的琉璃瓦与浅蓝色的天空和四周的绿树配合在一起就显得很调和。在花坛内不同鲜花配色时，如果以深红、明红、浅红、淡红顺序排列，会呈现美丽的色彩图案，易产生渐变的稳健感。

绿色的明暗与深浅的"单色调和"再加上蓝天白云，同样会显得空旷优美。如草坪、针叶树及阔叶树。地被植物的深浅会给人以不同的、富有变化的色彩感受。色相调和有二色调和、三色调和及多色调和。三色调和及多色调和的关键是色彩的均衡，不同色相调和可获得不同的效果。在不同色相的颜色中加入相同的黑或白就容易调和。

明度调节：同一或近似色调和依靠明度调节，虽然统一，但缺少变化，需要调节彩度及色相。中间调和，室内设计用得较多，加上明度调节作用，可获得统一中有变化的效果。对比调和在明度的作用下，可获得更强烈的刺激效果。有明度差的色彩更容易调和，一般有三级以上明纯度差的对比色都能调和（从黑到白共分十一级），所以配色要拉开明度最关键。其他颜色与灰色组合时，明度差不要太大。

彩度调节：同一或近似色调和，比较和谐，但感觉较弱，需适当改变色相和明度。中间调和，灰调子使人暧昧，需要适当改变色相，加强明度。对比调和色彩鲜艳，但过于热闹，可改变色相或扩大面积以便于调节。

配色面积：无论是色相、明度还是彩度，由于其面积大小不同，给人的感觉也会不同。在配色和调和时，需掌握一些原则：大面积色彩宜降低彩度，如墙、天花板和地面；小面积色彩应适当提高彩度，如建筑构配件、设备陈设；对于明亮色彩或弱色彩，宜扩大面积；对于暗色、强烈的色彩宜缩小面积，形成重点配色。

（三）对比色处理

把色性完全相反的色彩搭配在同一个空间里，如红与绿、黄与紫、橙与蓝等的搭配，可以产生强烈的视觉效果，给人以鲜明、醒目之感，使人感到振奋、活跃，也可给人亮丽、鲜艳、喜庆的感觉。对比必须有主次才能协调。

例如，华丽的佛香阁建筑群在苍松翠柏映衬下分外庄严肃穆。当然，对比色调如果用得不好，会适得其反，产生俗气的不良效果。这就要坚持"大调和，小对比"这一个重要原则，即总体的色调应该是统一和谐的，局部的地方可以有一些小的强烈对比，即"接天莲叶无穷碧，映日荷花别样红""黑云翻墨未遮山，白雨跳珠乱入船"，少量的对比色能活跃整个园林的气氛。

1.对比色的基本知识

色彩对比：生活中的色彩往往不是单独存在的。人们观察色彩时，或是在一定背景中观察，或是几种色彩并列，或是先看某种色彩再看另一种色彩，这样所看到的色彩就会发生变化，形成色彩对比现象，影响心理感觉。在色彩对比的状态下，由于相互作用的缘故，与单独见到的色彩是不一样的，这种现象是由视觉残像引起的。当人们短时间注视某一色彩图形后，再看白色背景时，会出现色相、明度关系大体相仿的补色图形。如果背景是有色彩的，残像色就与背景色混色。在并置配色的情况下，就会出现相互影响的情况。因此，在进行配色设计时，应当考虑到由补色残像带来的视觉效果，并进行相应的处理。

同时对比和继时对比：当两种或两种以上色彩并置配色时，相邻两色会互相影响，这种对比称为同时对比。其对比效果主要是：在色相上，彼此把自己的补色加到另一种色彩上，两色越接近补色，对比越强烈；在明度上，明度强的越强，明度弱的越弱；越接近交界线，影响越强烈，并引起色彩渗漏现象。看了一种色彩再看另一种色彩时，会把前一种色彩的补色加到后一种色彩上，这种对比称为继时对比。例如，看了绿色再看黄色时，黄色就有鲜红的感觉。

边缘对比：两种颜色对比时，在两种颜色的边缘部分对比效果最强烈，这种现象称为边缘对比，尤其是两种颜色互为补色时，对比更强烈。

色相对比：在色彩三属性中以色相差异为主形成的对比称为色相对比。

明度对比：在色彩三属性中以明度的差异形成的对比称为明度对比。明度强的会显得明亮，明度弱的会显得更暗。例如，同一明度的色彩，在白底上会显得暗，而在黑色背景上却显得更亮。

　　纯度对比：在色彩三属性中以纯度差异形成的对比称为纯度对比。同一纯度的颜色，在几乎等明度、等色相而纯度不同的两种颜色背景上时，在纯度低的背景色上的会显得鲜艳一些，而在纯度高的背景色上的会显得灰浊。

　　以上对比在实际应用中单独存在的情况比较少，往往是两种或者多种对比同时存在，只是主次强弱不同而已。

　　暗色中含高亮度的对比，会给人清晰、激烈之感，如深黄到枣黄色。暗色中间含高亮度的对比，会给人沉着、稳重、深沉的感觉，如深红中间是枣红。中性色与低高度的对比，会给人模糊、朦胧、深奥的感觉，如草绿中间是浅灰。纯色与高亮度的对比，会给人跳跃、舞动的感觉，如黄色与白色；纯色与低亮度的对比，会给人轻柔、欢快的感觉，如浅蓝色与白色；纯色与暗色的对比，给人强硬、不可改变的感觉。

　　2.对比色的实际分析

　　例如，花坛配色及花境配色，同一花期的花卉最好有意地安排对比色，以便引起游人的兴趣。如果花坛中没有对比色，就会失去颜色的强度以致毫无生气。蓝花的飞燕草，白花的西洋滨菊，暗紫色的鸢尾等，看起来很安静，但是稍加入一些金黄色的花菱草，立即就会使花境热闹起来，因为橙与蓝、黄与蓝、紫都是对比色。一个花境中种了许多黄、橙、红等暖色调的花卉，看起来十分热闹，但如果加入一些冷色调的花卉（如藿香蓟、矢车菊、花亚麻等）就会冲淡它的热闹。

　　三色系对比：红、黄、蓝三色的对比。

　　橙、绿、紫三色补色的对比：运用三色堇的黄、紫色进行对比，色调明快、醒目；橙红色郁金香与蓝色的风信子相比，更适于大空间。

　　例如，北京传统建筑的色彩，在色相选择、色域划分方面别具一格，使得每项色彩主题下都有正确的色彩关系，从而把拘束的色彩变为自由的、富于表现力的和谐整体。以金色的黄琉璃瓦与蔚蓝色的天空为例，由于它们不是完全的补色关系，黄色的屋顶使得蓝色天空仿佛弥漫着淡紫色的雾，形成了黄、紫的补色关系。这一补色关系使得建筑的色彩热烈、艳丽，天空显得沉静、苍茫。

用色的同时对比：黄瓦红墙与蓝绿彩画的同时对比，加强了互为补色的关系，使热烈的更加热烈，沉静的更加沉静，色感更加鲜艳、饱满，对比更加鲜明。由于色域分布的不平衡，用色的同时对比会带来强烈的表现效果，如布满暖色光的黄顶，让红墙有了更大的色域。阴影中以蓝绿色为主调的多色同时对比，具有一种抗拒"诱惑"的效果。

补色的对比：北京宫殿建筑从大空间到小空间——天空/建筑、建筑/装饰、装饰/墙体，每对补色都有它们相对的独特性，如蔚蓝/橙黄、橙黄/蓝绿、蓝绿/大红。而每对色彩在它们互补强度的渐次变化中逐步建立了平衡关系，色彩的色性逐渐加强，变得凝重。

阴影中装饰的补色运用，是同色彩明度的综合运用，使群青、翠绿、朱红、中黄、少量的黑和白组成一体，所收到的整体效果虽然比不上明度鲜明的建筑（用色拥有更充分的空间），但这种运用补色对比的色彩配置方法、色彩转调方法、节奏变化技巧，形成了一种色彩设计技法，给整个建筑以十分确定的形象，不仅增加了空间感，又具有装饰性。

明度的对比：最强的明度对比是黑与白的对比。由于气候条件和等级观念的制约，在传统建筑中，黑、白、灰三个层次的明度对比反映在几种不同的建筑中。

例如，北方民居建筑多用浅灰色抹墙上部的 2/3，中灰色砖砌墙下部的 1/3，形成浅灰色与中灰色的对比。北方（北纬 40° 左右）气温低，春天风沙大，白墙不适合。在古代，由于等级制度，寻常百姓人家的居所是不能与王公贵族的居所相比的，这两种建筑所使用的两个灰度级，在冬天与北方辽阔的黄土地，在春天与原野上的各种绿色植物，在夏天与浓绿的树木，在秋天与丰富多彩的秋叶，都形成了十分美妙的搭配。

随着建筑等级的逐步提高，京城建筑色彩也逐渐变得浓重，形成中灰与深灰的对比，京城内"灰沉沉"的王公贵族的居所由中灰色砖、深灰色瓦组成。王府建筑等级低于皇家建筑又高于百姓建筑，灰色四合院自成一体。当"灰沉沉"的四合院建筑围在"金灿灿"的皇家建筑周围时，就很好地衬托了高彩度、高对比、"金灿灿"的皇家建筑，从而形成北京古城建筑的独特性。灰色大量地应用于宫室内、外地面，庭院的铺砖；汉白玉雕石栏杆和台基设在灰色地面上。远看，精美的建筑在白色与灰色的衬托下格外醒目。

再如，我国南方民居建筑大量应用黑与白的对比。南方气温高、湿度大，民居建筑多用白墙、黑瓦，如此简单的设色使其在郁郁葱葱的绿色植被环境中显得格外清雅。尤其是雨后，黑压压的屋顶被雨水浸湿，如墨一般。周围绿色温润、浓厚，白墙与黑瓦互相衬托，光感极强，使朴素大方的民居建筑独具特色。

（四）色块的搭配

中国传统的绘画技法重在线条的表现，西洋绘画无论是水彩画还是油画，均以色块的表现为主。园林中的色彩也是各种大小色块拼凑在一起的，如蓝色的天空，成片的树林，明亮的水面，裸露的岩石。色块的排列决定了园林的形式美，如图案花坛的各色团块，修剪整齐的绿篱，平整的绿色草坪、水池、花坛等。

1.色块的基本知识

景观色彩大多来自植物，而色彩又是最能引起视觉美感的因素。景观植物的色彩是十分丰富的。因此，景观植物的色彩配置是风景园林景观植物设计中不能忽视的要素。例如，绿地中的色彩，是由各种大小色块拼凑在一起的，如蓝色的天空、一丛丛的树林、艳丽的花坛、波光粼粼的水面……色块无论大小都各有艺术效果，但是为了体现色彩构图之美，就必须对色块有所了解，这样才能保证景观的构图效果。

（1）色块的体量

色块的大小会直接影响园林的美感，对全园的情趣具有决定性的作用。在景观中，同一色相的色块大小不同，给人的感觉和产生的效果也不同。一般在植物种植设计时，明色、弱色、精度低的植物色块宜大，反之，暗色、强色、精度高的色块宜小。例如，开阔地的造林面积，水池的开凿大小，建筑物的油漆色彩中明暗与冷暖色块的比例等，都体现了传统造园理念对色块大小的重视。同一色相，色块大小不同，给人的感觉也会不同，主要是明暗度和纯度的差别。例如，春季大片的油菜花，一片金黄，比起草坪上一小簇金盏花，前者反而不如后者。

（2）色块的浓淡

一般面积不大的色块宜用淡色，如草坪、水面等都是淡色，小面积的色块宜浓艳一些，它们搭配在一起会产生画龙点睛的作用。互成对比的色块宜于近观，有加重景色的效果，若远眺则效果减弱。属于暖色系的色彩，通常比较抢眼，宜配以冷色系的色彩，给人以平衡的感觉。所以路边花坛的行道树，类型通常相同，以维持色块感觉的平衡，而草坪、水面旁的花境常附以艳丽的花草，使人惊艳，打造出动人的景致。

（3）色块的集中与分散

色块的集中与分散是表现色彩效果的重要手段，集中则效果增强，分散则效果减弱。例如，假山石的叠山与散植，树木的孤植与丛植，花坛的单种集栽与花境中的多种散植，效果都不同。白色的花时常用来冲淡色彩强烈的花坛，分散点缀白花的西洋滨菊在金黄色的万寿菊中，显然冲淡了强烈的暖色。但是成团、成块地种植白色花，即将金黄色分隔成块，会减弱效果。当然，在植物种植设计中，应首先遵循植物配色理论和美学原理，这样才能使景色美不胜收。

一石一木，或一堆山石，一丛树木，色块大小不同，色相的冷暖不同，就需要像画一幅山水画那样细心推敲，给人以平衡的感觉。例如，建筑表面如果颜色使用过浓，由于表面积太大会产生刺眼的感觉；为了产生稳定的感觉，颜色深的色块应放在下方，颜色浅的色块放在上方。

2.色块的镶嵌应用

白色的园林建筑小品或雕塑在绿色的草坪衬托下显得十分明净。在暗色调的花卉中混入适量的白花，可使色调明快起来；把白花混入色相对比强烈的花卉中可使对比强度缓和。灰色使园林色彩变得柔和。

（1）两种色相的配合

在色相的设计中，可采用两种色相或两种色调配合的方式，因为可形成对比或形成调和。如前文所述，调和是把两个相接近的东西并列，如色彩中的红与橙、橙与黄，黄与绿，绿与青、蓝与青、青与紫，紫与红都是邻近的色彩。在同一色中的层次变化（如深浅、深淡）也属于调和。调和能使人感到舒适、协调。

（2）三种色相的配合

三种色相配合会让设计者的思路更灵活。三种色相本身都有它自己的近似色调，可以一并考虑。但三种色相不宜都用暖色系统，最好是两种暖色和一种冷色相搭配，才不会过于喧闹。有些花卉色彩多样，冷暖俱全，如香豌豆、紫菀、大丽花、矮牵牛、鸢尾等，种在一个花坛或花境中不能混杂在一起，应该按冷色系和暖色系分开，或按花期、高矮等分块种植。这样可以发挥花卉品种的特性，并且免于给人以凌乱的感觉。

三种以上色相的配合应该少用，一方面难以求得淡雅，另一方面会破坏游人的兴致。花卉的花期各有先后，在一个花坛内，如果同时开花的植物有三种颜色，全年相继不断，就会有许多色彩出现，加上配植一些近似色调的品种，整个花坛或花境的色彩不致感到贫乏。当前流行的花坛以一种或一个品种的花卉集中在一个花坛内为主，这样产生集体美的色块，可以充当图案的一部分，达到强烈的艺术效果。如果镶边的植物用枝叶紧密，矮小而花多的植物（如狭叶百叶草、荷兰菊等），也不能超过两种颜色。

（3）多色处理

在多色处理中，调和色应大量使用。例如，杭州花港观鱼公园中的牡丹园，牡丹盛开时有红枫与之相映成趣，有黑松、五针松、白皮松、枸骨、龙柏、常春藤以及草皮等不同纯度的绿色作陪衬，整个园景显得十分和谐。

三、园林空间色彩构图

（一）考虑游人的行为需要

由于人的阅历不同，不同年龄、不同阶层的人对色彩有不同的偏好。在设计园林时要充分考虑到游人的需要。首先要调查针对的对象。例如，少年儿童喜欢鲜艳的色彩，以他们为主的环境，可以多种植彩色叶植物，建筑的色彩也可以鲜艳些；老年人需要轻松、冷静的环境，设计时可以绿色植物为主，休息区的色彩以冷色为主，运动场所的色彩可稍丰富些。

不同的色彩给人的心理感觉不同，设计时应考虑到色彩给人的心理感觉。同时，不同季节应考虑不同色调，注意季相搭配：夏季利用蓝、紫等冷色系的花；早春运用红、橙、黄暖色系；嫩绿色、翠绿色、金黄色、灰褐色分别象征着春、夏、秋、冬。另外，还要注意植物的季相变化，使整个园林景观四季都有变化。

（二）考虑地方人文因素

色彩的感觉是一般美感中最具有大众化的形式①，也是最能引起人们注意的因素。色彩的文化规律与心理规律是构成色彩美规律的基础②。从文化规律来看，任何色彩本身没有好坏、美丑之分，是人们在长期的社会实践中形成的某种文化观念作用于人的审美判断的结果，这种对色彩的美丑、好坏的判断，在本质上是一定民族文化观念的体现，是一种"有意味的形式"的判断。各个民族由于受环境、文化等因素的影响，对色彩的喜好也存在着较大的差异。

在中国，人们长期与土打交道，视黄色为神圣色彩。我国的古典建筑，如宫殿、寺庙等就十分重视色彩的运用。这些建筑常被饰以金黄的琉璃屋顶，大

---

① 王宗年：建筑空间艺术及技术，成都科技大学出版社1987年版，第226页。
② 许祖华：建筑美学原理及应用，广西科学技术出版社1997年版，104～120页。

红的墙柱，艳丽璀璨。始建于 1420 年的祈年殿，最初，它的三重殿檐上分别涂着蓝、黄、绿三种色彩，这三种色彩象征着天地万物。蓝象征着天，黄象征着大地，绿象征着植物，而在殿顶的圆球上又镏满黄金。长期与海洋打交道的古希腊人，对各种色彩形成了自己的文化判断，他们把大海深处的紫色视为至高无上的神圣色彩，把大海浅处的颜色视为"天堂的色彩"。古希腊的帕特农神庙，铜门镀金，瓦当、柱头及檐部均饰以红、蓝为主的浓重色彩，显得瑰丽异常，美不胜收。

到了现代，色彩的运用在建筑上更成了不可缺少的因素，五彩缤纷的颜色，不仅可以使建筑的外观更鲜明、更美丽、更富韵味，它本身也成了构成建筑气势与风格的重要因素。曾获得美国建筑学会 1983 年荣誉奖的美国波特兰市政大楼就是一个例子。从形体上讲，这幢建筑在立面上采用了对比强烈的彩色瓷砖装饰成大面积的色块，又辅以色彩各异的立柱、柱冠，等等，从而使它身披炫目的色彩耸立在"方匣子"型的各类建筑中。这幢建筑特别有个性，也特别引人注目，因为色彩运用的成功，被誉为美国后现代派建筑的代表作品。

（三）确定基调、主调、配调和重点色

园林中的色彩丰富，当多种颜色配在一起时，必须有某一因素（色相、明度、纯度）占统领地位。要有主色调，不要平均分配各种颜色，这样才容易产生美感。例如，北京天安门城楼所用的色彩均为暖色调，但在暖色调的色彩中，红色又是主体，黄色则为辅助，如此主次分明的色彩搭配使这幢城楼获得了既变化又统一的美。南京中山陵所用的色彩统一为冷色调，但却以白色为主体，长长的石阶构成大块的白色体，在这白色块的尽头则耸立着绿瓦盖顶的陵寝，如此主从鲜明的冷色调的搭配，使整个建筑的色彩既统一又有层次感。

草本植物不可能形成长期、稳定的景观结构，一切草本植物均需要镶边材料和背景材料的衬托。小型花境中，选择一个主要色调，然后在这一色调的基础上进行一系列的变化，并以中性色调的背景作衬托。一个以黄色为主调的小

型花境，如配置从奶黄色到橙色的浓淡不同的花和叶片，而以深绿色或银灰色的背景作为衬托，可取得满意的效果。以红色为主色调的花境，可用深绿色和紫色叶片的植物作背景。当需要采用多种色调搭配时，最好选用黄色色调或蓝色色调作为基调。

常绿树要低于或高于落叶树，突出落叶乔木的鲜明色调；灌木群可借自然地形的起伏，用叠砌阶梯、花台的办法配置，增强高差，使之形成错落的轮廓线，做到层次分明。开放的空间应有封闭的局部，封闭的空间要开辟透视线。有高有低，有平有直，垂直方向要参差不齐，水平方向要前后错落，突出高低、虚实。孤立树、树丛、树林中间用花卉草坪相连接。要注意季相、色彩、对比、统一、韵律、线条、轮廓。

绿色背景主要是选用观叶植物，选择枝叶紧密、叶色浓暗、常绿的树木作为背景效果最好，如紫杉、丛生的竹类。绿色的背景，前面宜放白色的雕像，或明色（白、粉、红、黄）的花坛，或开红花的灌木。红砖墙，宜放冷色调的植物，如花亚麻、毛地黄、桔梗、飞燕草或一些开白花的植物。如果用金盏菊、天人菊、万寿菊等暖色花卉，势必显得过分喧闹，而且花色也会看不清楚。

观叶的图案花坛，有时可用淡色的砾石铺在花纹的间隙中，以衬托图案的纹理，并且免于生杂草。草药圃中花朵很少，也有时用红砖铺路，白色砾石散铺在花坛边上，可以增强颜色的对比。白色或灰色的背景也有不少，如白油漆的栏杆，水泥的建筑，前面的植物无论花色如何，绿叶均很突出，除白色的花外，其他各种花色均能与白色栏杆为邻，获得良好的背景效果。遇到灰色水泥墙的背景，也可先在墙基种上绿色的攀缘植物，然后再以这个绿色为背景安排前景。

总之，远山，蓝天，大水面，均可以充当园林的背景。

以襄樊市环城公园——岘秋园为例。岘秋园位于襄阳古城文昌门以西至西城门以南的城墙及内外绿地、护城河水域两岸，占地面积为 12.8 万 m^2。主要功能为划船、游泳、垂钓和观鱼、赏秋景等；岘秋园的陆地面积主要在护城河的西南岸，两头宽中段狭窄。入口内以"四山之秋"大型壁画为障景。河中经小曲桥相连有一座"探秋亭"位于护城河之上。利用疏城池所挖上来的污泥，堆成一座小山丘，种植有银杏、红枫、青枫、羽毛枫、红叶李、乌桕、桂花、石楠、南天竹等植物，并在秋色丛林之中建一个"岘秋双亭"的景点。河岸旁设一座座钓鱼台，为垂钓爱好者提供了良好的垂钓环境。在游船码头处停泊有各式古色古香的游船，供游人河上泛舟。在河东有一池中半岛，上设一座两层三檐的"赏秋亭"，可赏岘山之秋色。

岘秋园的园林建筑均以鄂西北地区的民宅为基调，结合现代建筑艺术表现手法，既有浓郁的地方特色，又不失园林建筑的风韵。

第四章　风景园林植物造景设计

第一节　植物造景的基础知识

一、植物造景的概念和作用

（一）植物造景的概念

传统意义上的植物造景强调"利用乔木、灌木、藤木、草本植物来创造景观，并发挥植物的形体、线条、色彩等自然美，配置成一幅幅美丽动人的画面，供人们观赏"。例如，苏州拙政园、北京颐和园等传统经典园林。

当代的植物造景，更注重地球生态、植物与城市与建筑的宏观结合。植物景观的概念范围在不断扩大，同时植物景观的内涵也在不断延伸。除了在视觉上给人以美的享受外，植物造景在生态景观和文化景观上的内涵也更丰富。传统的植物造景已经不能满足功能性布局，不能适应大工业时代的生态环境，在新时代背景下，植物造景需要成为城市的延伸，综合地、多目标地解决问题，甚至延伸到地下管网的设计领域。

在现代社会中，工业时代的思维和建设模式仍然影响着我国城市化规划的思想和进程。尤其是"建筑优先，绿地填空"的思维和工作方式，对我国城市化规划的影响很大。城市绿化用地大多作为填充物，被规划师放置在"不宜建筑用地"和建筑物中间。这样一来，生态环境的发展和市民的生活需求得不到满足，城市绿地系统的科学性和合理性无法得到保障。

植物造景在设计上注重与建筑相结合，强调形成一体的绿化体系；强调连绵不断的绿化系统和流动景观空间，打破以建筑为界面的刻板模式，以花园围绕建筑，使建筑坐落在花园中。植物造景强调让绿化以"组团"的形式平均散布在整个区域，发挥标示标牌的作用，让它起到视觉引导、区分功能空间的作用，同时采用立体平均式景观，主动创造场地高差，形成自然的起伏，有效增大绿化面积，并使园林景观产生丰富的层次感。在品种的选择上，应注意降低维护成本，实现多种类种植，提高城市生态环境的质量；应在景观生态学的基础上，充分发展园林艺术的作用，从而充分满足人们的视觉和行为需求，满足城市的生态需求，最终使园林景观符合生态发展的特点。

（二）植物造景的作用

1.表现时空变化

受到时间的影响，园林空间在三维空间的基础上多了一个时间空间。由于时间在不停变化，植物也在变化，这样就导致了园林空间的变化。四季更替时，植物也有不同的状态，展示着不同的景观：春天里百花齐放，夏天里枝繁叶茂，秋天里硕果满枝，冬天里枝叶萧条。考虑到植物生长与季节变化的紧密联系，可搭配种植花期各异的植物，这样就能使很多不同的特有景观出现在某个相同的地点，这种特有景观能给人带来耳目一新的感受。

2.创造观赏景观

由于园林中的植物在风貌、色差、个性等方面都有自己的特点，所以在建筑园林的过程中，植物原料的选择很重要。在园林植物种植过程中，往往选择枝叶茂盛、树高花多的孤立木，这样更容易吸引人们驻足观赏。其中，比较典型的树木有高大直立、气宇轩昂的银杏、银桦和白杨树，苍翠的松柏等，这些孤立木是园林中的重要景观，对园林环境有着重要的作用。例如，花坛就是通过一个石材或者其他容器，把五颜六色的草本花卉拼种在一起，并设计成美丽的图案，然后按照图案的布局种植在一起。在很多城市广场的中心位置，在一些学校等机构的门前，在一些建筑物前的广场上，经常设置有很多花坛。花坛五颜六色，形式各异，对美化环境有着重要的意义。

3.创造空间

在城市园林绿地中，根据整体景观结构和功能的需要，对合适的植物材料进行配置，其原理和用建筑物、山水等分割空间的原理一样。中国画遵循"疏能走马，密不透风"的原则，通过种植植物分割空间时也可遵循这一原则。例如：要从整体上安排景观线、景观点，利用密林、线状的行道林、孤立树、灌木丛林以及绿篱、地被、草坪等植物景观对某个空间进行装饰，某些地方增加色彩或层次的变化，使植物疏密错落有致，树木的高低要合理，以避免遮挡视线，等等。总之，就是要把植物个体作为设计元素，合理进行植物布局。

4.改造地形

园林中地形的高低起伏会让人产生层级感，同时也会使人产生新奇感，激发人的体验欲望。在强调土质空间的变化的同时，可利用植物自身的高低层次，完善和修补地形的高低起伏。例如，在地形较高处种植高大的乔灌木，能增强高耸的感觉，将高大的乔灌木种于凹处能使地形平缓。植物景观可用于不同场合，各有千秋。

5.表现衬托效果

植物的自然曲线往往是通过枝条呈现的，园林中，可在人工硬质材料构成的规则式建筑形体上，利用枝条的质感以及自然曲线，突出这种软硬对比，同时突出两种材料的质感。现代园林中，常绿树多被用作雕塑的背景，意在通过绿色枝叶的观感色彩反差来强调某一特定的空间，加深人们对景点的印象，也就是常说的加深记忆。常用的手法一般是，当与山石相配时，要表现波澜起伏、怪石林立、野趣横生的自然景色，一般选用乔、灌木进行错综搭配。配搭的树种可以尽量多一些，但树木姿态一定要好，只有如此才能让游客在欣赏山石风姿的同时欣赏花木的姿态之美。

6.表现意境效果

优美的植物，除了观赏用途外，还是设计师抒发情怀、进行意境创作的绝好工具。自古以来，人们习惯将植物作为抒发感情的对象。从古人的诗句中能读出一二，如"草木有本心，何求美人折""只应松自立，而不与君同""耐寒唯有东篱菊，金粟初开晓更清"等。可见，植物表现意境效果时往往比直接展示更能深入人心。在植物造景设计过程中，应大胆借鉴植物自身的特点，创造有特色的观赏景观，以达到人人共爱的效果。

二、植物栽植成活的原理

要保证栽植的树木成活，就必须掌握树木的生长规律，了解树木栽植成活的原理。一株正常生长的树木，其根系与土壤密切接触，根系从土壤中吸收水分和无机盐并输送到地上部分，以保证枝叶有充足的养分制造有机物质。此时，地下部分与地上部分的生理代谢是平衡的。栽植树木时，首先要掘起，此时根系与原有土壤的密切关系就被破坏了。即使是苗圃中经过多次移植的苗木，也不可能掘起全部根系，仍会有大量的吸收根留在土壤中，这样就降低了根系对水分和营养物质的吸收能力，而地上部分仍然不断地流失水分，生理平衡遭到破坏，此时，树木就会因根系受伤失水不能满足地上部分的需要而死亡。这就是人们常说的"人挪活，树挪死"的道理。但是，并不是说树挪了一定会死，因为根系断了还能再生，根系与土壤的密切关系可以通过科学的、正确的栽植技术重新建立。一切利于根系迅速恢复再生能力和尽早使根系与土壤建立紧密联系的技术措施，都有助于提高栽植成活率，从而做到树挪而不死。

由此可见，如何使新栽的树木与环境迅速建立密切联系，及时恢复树体以水分代谢为主的生理平衡是树木栽植成活的关键。这种新的平衡关系建立的快慢与树种习性、年龄时期、物候状况以及影响生根和蒸腾的外界因素都有着密切的关系。一般来说，发根能力和再生能力强的树种容易成活；幼、青年期的树木以及处于休眠期的树木容易成活；土壤水分充足，在适宜的气候条件下栽植的树木成活率高。科学的栽植技术和高度的责任心可以弥补许多不足，大大提高树木的栽植成活率。园林树木种植中主要从生态学和生物学角度保证树木的栽植成活率。

（一）生态学原理

生态学原理即适地适树原理，主要包括以下三个方面。

1.单纯性适应

树种的生态习性与立地生态环境相互适应、相互统一。例如，水边低湿地选耐水湿的树种，荒山荒地则选择耐瘠薄、干旱的树种，盐碱地宜栽植耐盐碱的树种。

2.改地适树

改善立地生态条件，使其基本满足树木对生态的要求，如土壤改良、整地、客土栽植、灌水、排水、施肥（施偏酸性或偏碱性的肥料）、遮阴和覆盖等。

3.改树适地

通过选种、引种、育种等技术措施，改变树木的生态习性，保证其适应现有的立地生态条件。例如，通过抗性育种增强树种的耐寒性、耐旱性，提高树种的抗盐碱能力、抗病虫能力、抗污染能力等，使树种能在寒冷、干旱、盐碱地和污染环境中生长。选择合适的砧木以"接砧适地"，保证树木在立地条件下很好地成活、生长，如南方用毛桃做桃花的砧木，北方用山桃做桃花的砧木。

（二）生物学原理

在未移植前，一株正常生长的树木，在一定环境条件下，其地上部分与地下部分保持着一定的平衡关系。在移栽树木时，一方面，应尽可能多带根系；另一方面，必须对树冠进行相应的、适量的修剪，尽量减少蒸发量，以维持根冠水分代谢平衡。因此，保证树木栽植成活的关键主要有以下几点。

①尽最大可能做到适地适树。

②在合理、科学的起苗、运苗、栽植过程中，操作要尽可能快，防止失水

过多。

③尽可能多带根系，并尽快促进根系伤口愈合（伤口要剪平，最好涂生长刺激剂），发出新根，短期内恢复根系的吸收能力。

④栽植中一定要保证根系与土壤颗粒紧密接触（将土踩实），栽后必须灌水，保证土壤中有足够的水分供应。

⑤一定要修剪树冠，减少枝叶量，以减少蒸腾（修剪量因树种而异，小树一般在栽植后修剪，大树通常在栽植前修剪，栽后再复剪）。

三、植物的栽植时期

古谚曰："移树无时，莫教树知。"也就是说，栽树要在树木休眠期进行，这样最有利于树木成活。

确定某树种最适宜移栽时期的原则是：选择有利于根系迅速恢复的时期，选择尽量减少因移栽而对新陈代谢活动产生不良影响的时期。根据这一原则，一般以晚秋和早春移栽树木为佳。其实，只要方法得当，四季均可栽植树木。为提高树木栽植成活率，必须根据当地气候和土壤条件的季节变化，以及栽植树种的特性与状况，综合考虑，确定适宜的栽植时期；根据当地园林单位或施工单位的经济条件、劳力、工程进度和技术力量等决定栽植时期。

植物有它自身的年周期生长发育规律，以春季发芽、夏季生长、秋后落叶前为生长期，生理活动旺盛，生长发育与外界环境因子的关系十分密切；树木自秋季落叶后到春季萌芽前为休眠期，各项生理活动处于微弱状态，营养物质消耗最少，对外界环境条件的变化不敏感，但对不良环境因素的抵抗力强。根据树木栽植成活的原理，应选择外界环境最有利于水分供应以及树木本身生命活动最弱、消耗养分最少、水分蒸发量最小的时期为植树的最好季节。

最适宜的植树季节是早春和晚秋，即树木落叶后开始进入休眠期至土壤冻结前，以及树木萌芽前刚开始生命活动的时候。在这两个时期，树木对水分和养分的需要量不大，容易得到满足，而且此时树木体内储存有大量的营养物质，又有一定的生命活动能力，有利于伤口的愈合和新根的再生，所以在这两个时期栽植一般成活率最高。至于春植好还是秋植好，则须依不同树种和不同地区条件而定。具体各地区哪个时期最适合植树，则要根据当地的气候特点和不同树种生长的特点来决定。同一植树季节南北地区可能相差一个月之久，这些都要在实际工作中灵活运用。现将各季节植树的特点分述如下。

（一）春季

春季植树是指自春天土壤化冻后至树木发芽前植树。此时，树木仍处于休眠期，蒸发量小，消耗水少，栽植后容易达到地上、地下部分的生理平衡；多数地区土壤处于化冻返浆期，水分条件充足，有利于树木成活；土壤已化冻，便于掘苗、刨坑。

春季植树适合大部分地区和几乎所有树种，对成活最为有利，故春季是植树的黄金季节。但是，有些地区不适合春季植树，如干旱多风的西北、华北部分地区，春季气温回升快，蒸发量大，适栽时间短，往往根系还没来得及恢复，地上部分已发芽，影响成活。另外，西南某些地区受印度洋干湿季风影响，秋冬、春至初夏均为旱季，蒸发量大，春季植树往往成活率不高。

（二）夏季（雨季）

夏季植树只适合某些地区和某些常绿树种，主要用于山区小苗造林，特别是春旱，秋冬也干旱，夏季为雨季且较长的西南地区。该地区海拔较高，夏季不炎热，树木栽植成活率较高，常绿树尤以雨季栽植为宜。雨季植树一定要掌握当地历年雨季降雨规律和当年降雨情况，抓住连阴雨的有利时机，树木栽后下雨最为理想。

（三）秋季

秋季植树是指在树木落叶后至土壤封冻前植树。此时树木进入休眠期，生理代谢转弱，消耗营养物质少，有利于维持生理平衡。秋季气温逐渐降低，蒸发量小，土壤水分较稳定，而且此时树体内储存的营养物质丰富，有利于断根伤口愈合，如果地温尚高，还可能发生新根。经过一冬，根系与土壤密切结合，春季发根早，符合树木先生根后发芽的物候顺序。不耐寒的、髓部中空的或有伤流的树木不适合在秋季种植；对于当地耐寒的落叶树的健壮大苗，则应安排在秋季种植以缓和春季劳动力紧张的局面。

秋季植树有以下特点：

①秋季气温下降，地上部分蒸腾量小，并且树体本身停止生长活动，需水也少。

②土壤里水分状态较稳定，树体储存营养较丰富。

③此时树木根系有一次生长高峰，伤根易于恢复和发新根。

④秋栽的时间比春栽的时间长，有利于劳动力的调配和大量栽植工作的完成，根系有充足的恢复和生新根的时间，成活率较高，翌年气温转暖后不需缓苗就能立刻生长。

⑤在北方，由于秋冬季多风干旱，秋季植树时只能选择耐寒、耐旱的树种，而且要选择规格较大的苗木。

（四）冬季

冬季是东北地区移植树种的最好时期，尤其对一些常绿针叶树种来说。在土层冻结 5～10 cm 时开始挖坑和起苗，四周挖好后，先不要切断主根，放置一夜，待土球完全冻好后，再把主根切断打下土球。冻土球避开"三九"天，能提高成活率。以冻土移栽樟子松为例，科研人员总结出了以下经验来提高移栽成活率。

①尽量缩短起苗至重新定植的时间。起苗时间大约在 11 月中旬（立冬后），

应在 12 月底（冬至后）结束。

②起球前，用草绳将树冠拢好，不要损坏树尖。一般土球的大小是移栽树木胸径的 10～15 倍，起挖的深度要在根系主要分布层。

③正确收球，起挖到一定的深度时开始内收土球，其深度必须在 40 cm 以下（土壤表面向下的 40 cm 土层中集中了绝大部分水平根系，保证有足够大的土球体积对樟子松成活极为有利）。

④当土壤冻结层没有达到土球要求的深度时，在挖好四周和树球内收后，不要立即打球，再稍冻 1～2 天，待土壤刚好冻至需要的深度时再行打球。

在纬度较高、冬季酷寒的东北和西北地区还应注意，建筑物北面和南面土壤解冻的时间大约相差一周，因此北面栽植的时间应晚于南面栽植的时间。阔叶常绿树中除华南产的极不耐寒种类外，一般的树种自春暖至初夏或 10 月中旬至 11 月中旬均可栽植，最好避开大风及寒流天气。

竹子除炎夏及严冬外，四季均可种。《种树书》载有"种竹以五月十三日为上，是日遇雨为佳"。竹子的种类不同，适宜栽植的时间也不同（出笋早的毛竹、紫竹等应早栽，出笋迟的孝顺竹则可迟栽）。栽竹原则：在发笋前一个多月，空气湿度大，不寒冷也不炎热的时期种竹最为有利。

其他不耐寒的亚热带树种如苏铁、樟树、栀子花、夹竹桃等以晚春栽种为宜，开花极早的梅花、玉兰等可在春季花谢后及时移栽。

掌握了各个季节植树的优缺点后，就能根据各地条件因地、因树种，恰当地安排施工时间和施工进度。

四、植物造景的主要形式

（一）按照功能需求配置植物

公园等供人们休息、娱乐、观赏的场所，配置植物时应满足人们的各种需求。例如，一些市民公园，为创造凉爽、舒适的休憩环境，在公园人流比较集中的地方（如滨湖邻水区域）种植垂柳，修建凉亭，种植国槐、银杏；而为营造芳香扑鼻、视野开阔的娱乐场地，在园区入口位置设置小型广场，周围选择月季、碧桃、矮型红瑞木，树池中种植分蘖能力弱的银杏，也可配以喷泉，既适合跳舞、练剑、打拳，又不影响人们观赏附近的湖中景色，形成动静结合的功能分区。在功能空间的划分手法上，比较常用的是选用棣棠、黄杨、小叶女贞、绣线菊等植物，将其组合成绿篱来分割空间；或者采用溪流、小桥、镂空景观墙体等障景设施，同时，选用桃树、柿树、枣树、石榴等果树，采用孤植、丛植、群植配以花、灌木等组合方式来分割空间——既有果实，又具观赏价值，打造一步一景的宜人环境。

（二）按照美学原理进行植物造景

植物造景也要遵循园林植物配置的美学原理，即多样统一，协调与对比，对称与均衡，韵律与节奏，比如对植、孤植、群植等就是常用的造景方式。现代景观设计中，植物造景不是单独的个体，而是要与周边建筑及城市设施协调一致，只有根据周边建筑的性质、风格和色泽，有选择地进行植物配置，才能相互借景、相互衬托、相互协调。

1.对称与变化

在一些园区主要出入口（步入区），墙体、建筑入口两侧，选用对称花卉，对称的乔木，对称的花钵雕塑、喷泉等。既体现了对称与变化的配置手法，又符合多样统一原理。

2.植物配置与建筑关系

在一些墙角、建筑阳角、道路拐角等处，需要弱化尖角给人的生硬感觉，可采用平坡结合、乔灌结合及花草结合的手法，多种植姿态优美的全冠树种，如雪松、梧桐、五角枫、海棠、龙爪槐、金叶女贞、铺地柏等。针对苗木单干且分枝点高的特点，可采用三株同种一个树池的方法，或者采用施工措施使其共同生长，形成一个较大的树冠，从而弱化边角。

3.景观中的留白

在国画中，有一种意境叫"留白"，此画法是不加底色，疏、密、聚、散皆为留白布局。留白似乎是省力气了，什么也不用画，就在整个画面中留下空白，给人留下想象的余地。这种以无胜有的留白艺术，具有很高的审美价值，所谓"此处无物胜有物"。景观设计中也多采用此手法，给人留下想象空间。例如，高校中宁静的一大片广场草地，在相对宽敞的空间草地上孤植形态优美或具有异国情调的树木，可形成开阔空间中的视觉焦点，与周围的景观形成强烈对比，从而引导游人的视线。这样的设计既构成了园林主景，又体现了均衡的美学原理。

（三）植物的群体美

许多植物组合栽植便形成了一个植物群体，这种形式既能体现植物的群体美，又能体现植物的个体美。营造群体景观时，应注意树形的对比与协调，以及轮廓线、天际线、林缘线和林冠线的变化，多采用乔、灌、花草共同组成的自然式树木群体，以充分展示植物群体的艺术效果。适量种植高大乔木，林下及林前可种植不同高度、不同品种的灌木作为遮挡视线的景观，从而丰富视觉效果（如观花、果，赏叶色季相变化等）。灌木前可种植木本植物、宿根花卉或地被植物，最前方可留出较大面积的草坪。要增强绿色效果，形成上、中、下立体绿化，可采用集大乔木、小乔木、灌木、花卉、草坪等五层垂直绿化于一体的手法，使观者感到不单调，并且有韵律的变化。

五、植物景观规划设计的实施途径

当前，个别部门在进行风景园林景观设计时，没有做好前期调研，使植物景观不能达到预期效果，甚至对整体效果产生了负面影响。因此，在进行风景园林景观规划时，要做好前期调研，充分发挥园林景观的作用。

（一）前期调研

在对风景园林进行建设时，植物景观规划设计会对园林的整体效果产生重要影响，因此在对其进行规划设计时，相关人员要到现场进行调查，编制合理的方案。在进行前期调研时，要从以下方面着手。第一，在具体的调研过程中，要对每种植物的资料进行记录，从而选出合适的植物进行种植。第二，在进行前期调研的过程中，要根据当地环境的特点来选择植被，使得植物能很快适应当地的环境。

在具体调研过程中，要注意以下方面的内容。

1.植物资源

在规划与设计植物景观前，要充分了解植物资源，只有这样才能更好地对植物园林进行规划设计。在进行设计时，不仅要确定植物景观的高度、冠幅，还要观察植物在园林中的生长情况，据此制订合理的养护和管理方案，从而促进植物景观的生长。除此之外，在具体的设计中，还要观察风景园林周边的环境，然后把这些风景因素融入风景园林设计，从而使得园林景观与周围环境保持一致。

2.地形地势

在对风景园林进行设计时，要充分了解风景园林场地的地形地势，只有这样才能更好地提升园林景观设计的科学性。

3.土壤条件

在对风景园林进行设计时，要充分了解风景园林的土壤条件。要对土壤中的酸碱性进行检测，从而为植物景观设计提供数据支持。

4.水文特征

在对风景园林景观进行设计时，要充分了解园林的水文特征。在进行水文调查时，主要调查内容应包括园林地水源的位置、面积及流向、园林地水循环的周期等，然后据此制订合理的设计方案。

5.场地

在对风景园林进行设计时，要做好准备工作，要充分了解风景园林的场地，并结合周边的环境来进行设计，这样能保证风景园林景观规划与设计的科学性，使园林景观与周围环境相协调。

（二）概念性规划

在对园林景观进行规划设计时，首先要做的就是充分了解园林的周围环境、地质条件等，然后确定该园林在生态系统中的作用。在进行设计时，可从以下几个方面着手。

第一，确保空间规划的合理性。确定植物种植的疏密程度和种植面积。除此之外，还要对植物分布的序列进行规划和设计。

第二，突出规划特色。在具体的规划过程中，可把当地的特色植物规划到植物园林中，这样能有效体现植物园林的特点。

第三，考虑季节交替的元素。在对景观进行设计时，要充分考虑植物的季节性。植物在不同的季节会有不同的生长状态，要根据植物的季节性合理地进行设计。

第四，合理应用色彩元素。要提升风景园林的美观度，需从宏观角度确定植物景观的基本色调，然后选择同色调的植物突出植物景观主题，从而有效提升风景园林的观赏质量。

第五，合理选择种植树种。树种的选择既要满足整个绿地系统的规划要求，又要服务于风景园林整体的景观效果，并科学规划植物群落结构。

（三）制订植物景观设计方案

在完成植物景观概念性设计后，要对植物景观设计的方案进行深化，然后确定最终方案。在确定最终方案的过程中，要注意以下方面的问题。

第一，空间设计。空间设计主要是指明确风景园林中各个部分要种植的植物，然后根据园林的实际情况来决定种植的疏密度。

第二，平面设计。在进行设计时，也要对植物群落的布局进行设计，从而保证植物群落分布的合理性。

第三，立面设计。立面设计的目标是营造一定的空间感。

（四）制订植物景观施工方案

在完成植物景观设计方案之后，要在此基础上制订合理的景观施工方案，然后确定各个部分的种植面积和植物数量。施工图纸是施工、监理、工程结算及质量验收的重要依据，因此在对其进行设计时，一定要保证设计图纸的可行性。在施工图纸中，各个部分的表述要清楚，只有这样才能更好地明确园林的景观设置。除此之外，在具体的工作中，要列出各种植物的材料表和说明书，从而避免技术失误。在绘制施工图时，要明确各部分植物之间的距离及结构。

（五）结合实际情况调整方案

在具体的种植过程中，要根据实际情况来调整方案，这样能有效提升风景园林的建设质量。在实际开展植物景观种植活动的过程中，一定会出现与施工方案不符的情况，这时就要根据实际情况来对方案进行调整。除此之外，为了有效促进植物的生长，同时，为了避免因管理不当而造成的大量更换植物的情况，相关工作人员要做好植物的管理和修复工作，根据植物的特点来制定合理的病虫害防治措施。

第二节　风景园林树木景观设计

一、满足园林树木的生态要求

在生长发育过程中，各种园林树木对光照、水分、温度、土壤等都有不同的要求。在进行园林树木配置时，只有满足园林树木的这些生态要求，才能使其正常生长，才能充分表达设计者的设计意图。

要满足园林树木的这些生态要求，可从以下方面着手。

一是要适地适树，即根据园林绿地的生态环境条件，选择与之相适应的园林树木种类，使园林树木的生态习性与栽植地点的环境条件一致或基本一致，做到因地制宜。只有适地适树，才能创造出相对稳定的人工植被群落。

二是要有合理的种植结构，包括水平方向上合理的种植密度（即平面上种植点的确定）和垂直方向上适宜的混交类型（即竖向上的层次性）。平面上种植点的确定，一般应根据成年树木的冠幅来确定；但也要注意近期效果与远期效果相结合，如想在短期内就取得绿化效果或中途适当间伐，就应适当加大密度。竖向上应考虑园林树木的生物学特性，注意将喜光与耐阴、速生与慢生、深根系与浅根系、乔木与灌木等不同类型的植物树种相互搭配，从而在满足植物树种的生态条件下形成稳定的复层绿化效果。

二、符合园林绿地的功能要求

在进行园林树木配置时，还应考虑园林绿地的性质和功能。例如，为了体现烈士陵园的纪念性质，营造一种庄严肃穆的氛围，在选择园林树木种类时，应选用冠形整齐、寓意万古流芳的青松翠柏；在配置方式上亦应多采用规则的对植和行列式栽植。园林绿地的功能有很多，但就某一绿地而言，则有其具体的主要功能。例如，在街道绿化中，行道树的主要功能是遮阳减尘、组织交通和美化市容。为满足这一具体功能要求，在选择树种时，应选用冠形优美、枝叶浓密的树种；在配置方式上亦应采用规则的列植。再如，城市综合性园林，从其多种功能出发，应选择枝叶繁茂、姿态优美的孤植树和花香果佳、色彩艳丽的花冠丛，还要有供集体活动的大草坪，以及能满足安静休息需要的疏林草地和密林等。总之，园林中的树木、花草都要最大限度地满足园林绿地在实用性和防护性方面的要求。

第一，选择树种时要注意满足其主要功能。树木具有改善、防护、美化环境以及促进经济生产等多方面的功能，但在园林树木配置中应特别突出该树木应发挥的主要功能。以行道树为例，当然要先考虑树形是否美观，但树冠高大整齐、枝叶浓密、生长迅速、根系发达、抗性强、耐土壤板结、抗污染、病虫害少、耐修剪、发枝力强、不生根蘖、寿命又长则是其主要的功能要求。具有上述特性的树种是行道树配置的首选树种。

第二，进行园林树木配置，要注意把握其相关生物学特性，并切实了解其影响因素及变化幅度。以庭院树木为例，不同树木遮阴效果的好坏与树冠的疏密程度以及叶片的大小、质地和叶片的不透明度成正比。其中，树冠的疏密程度和叶片的大小起主要作用。像银杏、悬铃木等树种遮阴效果好，而垂柳、国槐等树种遮阴效果差。因此，在选择庭院树木时，一般不选择垂柳和国槐。

第三，树木的卫生防护功能除树种之间有差异外，还和其树种的搭配方式及林带的结构有关。例如，防风林带以半透风结构的效果最好，而滞尘林带则以紧密结构最为有效。

当然，要做好园林树木的配置就必须先把握各种园林树木的生物学特点，如当地常见、常用的园林树木的生物学特点以及园林栽植地的生态环境特点，这样才能做到适地适树，处理好各树种之间的关系。

三、考虑园林绿地的艺术要求

园林融自然美、建筑美、绘画美、文学美于一体，是以自然美为特征的一种空间环境艺术。因此，在配置园林植物时，不仅要满足园林绿地在实用功能方面的要求，还要按照艺术规律的要求，给人以美的享受。

园林树木一般以充分展示其自然面貌为主要方式，即要充分体现自然美，使植物配置顺应自然。人工造型的树木应在园林中只起点缀作用。常见的园林绿地通常面积较大，并且要接纳大量的游人，因此在管理上除重点分区及主景附近外，不可能精雕细琢，花费过多的人工。这就要求设计师正确选用树种，妥善加以安排，使其在生物学特性上和艺术效果上都能做到因地制宜，使各种植物各得其所，充分发挥其特长。

在进行园林树木配置时，要从大处着眼，之后再处理细节问题。通常进行园林树木配置时的通病是：过多注意局部细节，而忽略了整体安排；过分追求少数树木之间的搭配关系，而较少注意整体的群体效果；过多考虑各株树木之间的外形配合，而忽视了树种间的关系等。这样设计出的景观往往是杂乱无章、支离破碎的。为此，在进行园林树木配置时，要优先考虑整体之美，多从大处着眼，从园林绿地自然环境与客观要求等方面进行恰当的树种规划，最后再从细节上安排树种的搭配关系。

（一）植物树种的种类选择

第一，确定全园基调植物和各分区的主调植物、配调植物，以获得多样统一的艺术效果。多样统一是形式美的基本法则。为获得丰富多彩而又不失统一的效果，园林布局多采用分区的办法进行设计。在选择树种时，应首先确定全园有一、二种树种作为基调树种，使之广泛分布于整个园林绿地；同时，还应视不同分区，选择各分区的主调树种，以形成不同分区的不同风景主体。

例如，杭州花港观鱼园林，按景色分为五个景区。在树种选择上，牡丹园景区以牡丹为主调树种，杜鹃等为配调树种；鱼池景区以海棠、樱花为主调树种；大草坪景区以合欢、雪松为主调树种；花港景区以紫薇、红枫为主调树种等；而全园又广泛分布着广玉兰，将其作为基调树种。这样，全园因各景区主调树种不同而丰富多彩，又因基调树种一致而协调统一。

第二，注意选择不同季节的观赏植物，构成具有季相变化的时序景观。植物是园林绿地中最具生命活力的构成要素，在四季更迭中，植物的形态、色彩、景象等表现各异，从而引起园林风景的季相变化。因此，在配置植物时，要充分利用植物在四季的变化，通过合理的布局，组成富有四季特色的园林艺术景观。在进行规划设计时，可采用分区或分段配置园林树木的方式，以突出某一季节的植物景观，形成不同的季相特色，如春花、夏荫、秋色、冬姿等。在主要景区或重点地段，应做到四季有景可赏；在某一季节景观为主的区域，也应考虑配置其他季节的植物，以避免一季过后景色单调或无景可赏。

例如，扬州个园利用不同季节的观赏植物，配以假山，构成具有季相变化的时序景观。在扬州个园中，春植翠竹，配以笋石寓意春景；夏种国槐、广玉兰，配以太湖石构成夏景；秋栽枫树、梧桐，配以黄石构成秋景；冬植蜡梅、南天竹，配以雪石和冰裂纹铺地构成冬景。这样不仅春、夏、秋、冬四季景观分明，还把四季景观分别布置在游览路线的四个角落，从而在小小的庭院中创造了四季变化的景观序列。

第三，注意选择在观形、闻香、赏色、听声等方面有特殊观赏效果的植物，以满足游人不同感官的审美要求。人们在欣赏植物景观时，往往追求五官都获得不同的感受，而能同时满足人五官愉悦要求的植物是极少的。因此，应合理地配置在姿态、体形、色彩、芳香、声响等方面各具特色的植物，以达到满足不同感官欣赏要求的需要。例如，雪松、龙柏、龙爪槐、垂柳等主要是观其形；樱花、紫荆、紫叶李、红枫等主要是赏其色；紫丁香、蜡梅、桂花、郁香忍冬等主要是闻其香；"万壑松风""雨打芭蕉"以及响叶杨等主要是听其声；而"疏影""暗香"的梅花则兼有观形、赏色、闻香等多种观赏效果。巧妙地将上述植物配置于一园，可同时满足人们五官的愉悦要求。

第四，注意选择我国传统园林植物树种，使人们产生比拟联想，获得意境深远的景观效果。自古以来，诗人、画家常把松、竹、梅喻为"岁寒三友"，把梅、兰、竹、菊比为"四君子"，这些都是利用园林植物的姿态、气质、特性给人们的不同感受而产生的比拟联想，即将植物人格化了，从而在有限的园林空间中创造出无限的意境。例如，扬州个园，是因竹子的叶形似"个"字而得名。在园中遍植竹子，以示主人清逸高雅、虚心有节、刚正不阿的品格。我国有些传统植物还寓意吉祥如意。

又如，个园中将白玉兰、海棠、牡丹、桂花分别栽植于园中，以显示主人的财力，寓意"金玉满堂春富贵"；在夏山鹤亭旁配置古柏，寓意"松鹤延年"等。在配置园林树木时，还可利用古诗中的诗情画意来造景，以形成具有深远意义且大众化的景观效果。例如，苏州北寺塔园林的梅圃的设计灵感就源自宋代诗人林逋的咏梅诗句"疏影横斜水清浅，暗香浮动月黄昏"。在园中挖池筑山，临池植梅，并且借白塔寺的倒影入池，再现古诗意境，让人们更好地理解诗句传达的诗情画意。

（二）园林树木的配置方式

第一，园林树木的配置方式要与园林绿地的总体布局形式相一致，与环境相协调。园林绿地总体布局形式通常可分为规则式、自然式以及二者的混合形式。一般说来，在规则式园林绿地中，应多采用中心植、对植、列植、环植、篱植、花坛、花台等规则式配置方式；在自然式园林绿地中，则应多采用孤植、丛植、群植、林植、花丛、自然式花篱、草地等自然式配置方式；在混合型园林绿地中，可根据园林绿地局部的规则和自然程度分别采用规则式或自然式配置方式。

园林树木的配置还要与环境相协调。通常在大门的两侧、主干道两旁、规整形广场周围、大型建筑物附近等，多采用规则式配置方式；在自然山水园的草坪、水池边缘、山丘上部、自然风景林缘等环境中，应多采用自然式配置方式。在实际工作中，配置方式如何确定，要从实际出发，因地制宜，合理布局，强调整体协调一致，还要做好从这一配置方式到那一配置方式的过渡。

第二，运用不同的配置方式，可组成有韵律节奏的空间，使园林空间在平面上有收有放、疏密有致，在立面上高低参差、断续起伏。植物造景在空间的变化是通过人们的视点、视线、视景而产生"步移景迁"的空间景观的变化。植物配置犹如诗歌有韵律、音乐有节奏，必使其曲折有法，前后呼应。植物配置在空间上的变化，一般应在平面上注意配置的疏密和树木丛林曲折的林缘线，在立面上注意林冠线的高低变化。

在进行园林树木配置时，要注意开辟风景的透视线等，尤其要处理好远近观赏的质量和高低层次的变化，形成"远近高低各不同"的艺术效果。例如，杭州花港观鱼园林的雪松大草坪，在草坪的自然中心处丛植五株合欢树，接以非洲凌霄花丛，背景为林缘树林和灌丛，空间层次十分明显，具有韵律节奏。

第三，进行园林树木配置时，要考虑树木的年龄以及季节和气候的变化，使树木呈现出不同的姿色。在大树、大苗供不应求时，各地园林大多采用种植"填充树种"的办法。同时，更要考虑三五年，十年甚至二十年以后的问题，预先确定分批处理的措施。在不影响主栽树种的情况下，让"填充树种"起到填充作用；若干年之后，当主栽树种的生长受到抑制时，应适当地、分批地疏伐填充树种，对其加以限制，为主栽树种创造良好的生长环境以充分体现其美学特性。

在进行树木配置时，还必须考虑季节和气候的变化。首先，应做到四季各有景点：在开花季节，要开花不断。宋代欧阳修有诗云："浅深红白宜相间，先后仍须次第栽。我欲四时携酒去，莫教一日不花开。"（《谢判官幽谷种花》）"红白相间""次第花开"这样的要求是值得借鉴的。值得一提的是，在进行园林树木配置时，也要有季节上的重点，特别是要注意安排重大节日前后有花果供观赏，有景色供游览。

四、结合园林绿地的经济要求

城市园林绿地应在满足实用功能、保护城市环境、美化城市面貌的前提下，做到节约并合理地使用名贵树种。除在重要风景点或主建筑物主观赏处或迎面处合理地配置少量名贵树种外，应避免滥用名贵树种。这样既降低了成本又便于管理。除此以外，还要做到多用乡土树种。各地的乡土树种适应本地气候的能力最强，而且种苗易得，短途运输栽植成活率高，又可突出本地园林的地方特色，因此应多加利用。当然，外地的优良树种在引种驯化成功之后，也可与乡土树种配合应用。此外，还可结合生产活动，增加经济效益。

总之，在配置园林树木时，应在不妨碍园林功能以及满足生态、艺术等方面要求的前提下，选择对土壤要求不高、养护管理简单的果树树种，如枣树、山楂、柿子等；还可选择文冠果、核桃等油料树种；也可选择观赏价值和经济价值均很高的芳香树种，如玫瑰、桂花等；亦可选择具有观赏价值的药用植物，如银杏、合欢、杜仲等。此外，还有既可观赏又可食用的水生植物，如荷花等。选择这些具有经济价值的观赏植物，能带来多重综合效益，从而实现社会效益、环境效益和经济效益的统一。

第三节　风景园林花卉景观设计

一、园林花卉景观的意义及特征

（一）园林花卉景观的意义

深入研究园林花卉景观的意义，在优化城市面貌、传播宜居生活理念等方面具有十分重要的作用。合理选择花卉景观能大幅提升城市园林绿化的美观性，对促进城市和谐发展、构建美丽家园具有重要意义。一方面，能够推动城市建设，加速实现生态宜居的总体目标，通过多样性花卉植物的选择与搭配设计，提升城市园林景观的绿化效果，突出现代化城市生态园林的特征；另一方面，结合区域内适生植物和具备区域特色的乡土植物进行搭配造景，在满足城市园林绿化要求的基础上，强化成本控制，实现节约型城市建设。

（二）园林花卉景观的特征

1.适应性强

区域本土花卉植物具有强大的抗逆性和生态适应性，再生能力和自繁衍能力较强，园林绿化应用此类花卉植物便于日常管理，不需要花费大量的精力就能实现稳定的花期维护。

2.景观效果好

花卉具有种类繁多且形式多样的特点，不同的花形搭配能够获得多层次、立体性的造型效果，除了花卉形状不同之外，同种类花卉和不同种类花卉都有着更加丰富的色彩，给花卉景观设计提供了更丰富的层次设计和色彩搭配，在实践过程中能形成更好的景观效果。

3.种植及养护成本低

与野生花卉不同，花卉景观设计所采用的花卉多数是通过改良或驯化的品种，具有普通花卉所不可比拟的抗逆性能和适应性能，将花卉景观应用到园林绿化中，对温度、湿度、土壤要求偏低。同时，花卉景观设计的花卉播种量通常为 $0.5\sim2.0\ g/m^2$，花卉种子的价格一般在 $1\sim3$ 元/m^2，具有极高的性价比。一旦花卉正式进入生长周期，粗放式的管理方式能确保花卉景观得到良好的展示，进而有效降低建植及养护成本，或者产生一定的经济效益。

二、园林花卉的设计原则

在设计园林花卉时，为尽量提高种植后的美观性，应遵循一定的设计原则。例如，需要了解不同花卉的生物学特征，对所要使用的花卉的生命周期、生长速度、开花时节以及发育周期等有足够的了解；在设计时需要考虑在一年中的各个时节，不同花卉开花后所呈现出的姿态，从而让人们能够在每个时段都能欣赏到不同的花卉景观。部分如桃花、荷花、菊花以及梅花等具有明显季节特征的花卉，则应充分考虑其种植设计时的分布，配合其他花卉在不同季节展现出多样的色彩。

在设计园林花卉时，还要考虑种植环境对花卉的影响，不同地区的土壤有着不同的性质，花卉的生长也会受到种植土壤的酸碱度、泥土黏附性以及当地气候等因素的影响，生长情况良好的花卉所绽放的花朵自然更加美观。例如，月季、水仙以及菊花等花卉应种植在向阳的区域，而兰花、文竹以及巴西木等花卉应种植在较为阴凉的环境，从而使花卉能够良好生长，从而展现出美丽的姿态。

园林花卉的设计要具备科学性、艺术性。科学性要求根据花卉花期、寿命以及类型等特点并采取因地制宜的方式选取植物种类，合理设计种植面积、种植方式以及不同花卉的分布方式；艺术性要求凸显和谐原则，能够使不同的花卉之间的形式、不同的园林要素之间达到和谐统一，从而使园林花卉整体表现出统一的、协调的美感。在设计园林花卉时，遵循科学性、艺术性原则，能让花卉与周围环境形成一个和谐的整体，从而让园林设计具备整体美感，以便展现花卉的美丽姿态，让观赏者感到赏心悦目。

三、园林花卉景观设计要点

（一）色彩方面

不同颜色的花卉往往会让人产生不同的感觉，如颜色艳丽的花卉可以使人受到视觉上的冲击，而色彩淡雅的花卉则可以更好地衬托周围的环境。所以，在选栽园林花卉时一定要科学、合理地选择，认真对比不同的花卉，从而使其在园林景观中发挥出更大的作用。例如，针对春季园艺设计园林景观时，可充分使用黄色花卉表现春的活泼，通过花卉的淡雅颜色传达春的气息；而针对夏季园艺设计园林景观时，可以同时使用各种不同色彩的花卉，展现夏的烂漫；等等。与此同时，还要考虑花卉开放的具体时节，因地制宜选择相应的花卉，从而获得更好的观赏效果。

（二）文化方面

景观设计不但与美感紧密相关，还涉及文化内涵。我国深厚的历史文化积淀使得花卉蕴藏着不同的含义，如菊花象征着高风亮节，梅花象征着傲骨不屈，兰花象征着君子之风，而牡丹则象征着富贵逼人等。在景观设计当中，将各种不同的花卉组合在一起也有着不同的含义，比如把牡丹和松树、寿石等组合在一起，便象征着"长寿富贵"，而把牡丹和海棠组合在一起，则象征着"光耀门楣"。因此，在设计园林景观时，一定要充分了解不同花卉的文化内涵，从而通过园林花卉更好地衬托园林景观，在增强园林景观美感的同时，使其具有更加丰富的文化内涵。

（三）地域方面

在选栽园林花卉的过程中，必须确保其能够在良好的景观区域内生长，使花卉可以达到更好的状态。而要想真正达到此目的，就要因地制宜地选取适合的花卉。例如，若要选择外地的花卉，就要采取科学、合理的栽培方式，确保其在移植之后仍然能正常生长。另外，由于不同地区的园林景观往往在地势与温湿度方面会有所不同，所以在种植花卉时必须结合花卉在光照和温湿度等方面的具体需求，比如将喜阳植物种植在阳光较充足的区域，而将耐阴植物种植在低湿的区域。

（四）空间方面

有效把握空间尺度对于景观设计有着极其重要的意义。从视角上来讲，空间尺度主要包括接触空间、特近空间和极近空间等。园林花卉能够在很大程度上影响空间尺度。此外，在较小的空间里种植花卉时，还要充分考虑花卉香气对人的影响，很多园林景观在选择近景花卉时，都会使用香味较淡的花卉。另外，在景观设计中，还要充分考虑建筑物和花卉之间的比例，确保两者能协调一致。花卉是整个景观空间中重要的组成部分，而对景观空间进行设计也是为了获得不同的空间效果，因此必须科学、合理地设定景观中各类要素的比例，从而使园林景观具有更强的美感。

四、园林景观花卉的规则设计

（一）设计总则

园林景观花卉的规则设计应依据景观园林的总体方案开展，在构建关键意境时，应配搭山水风景园林景观的图样和颜色，以突出主题花卉的特点和作用。在此过程中，花坛的设计极为重要。在花坛设计过程中，要特别注意花坛的空间规划问题，如花坛中各种塑像的摆放位置、花坛中的喷泉面积与效果等。花坛的设计应尽量色彩淡雅，避免过度装饰，这样才能突出花卉的特性，获得令人满意的设计效果。

在种植园林花卉的进程中，不但要考虑到花坛的占地面积，总面积不宜过大，应与周边环境相融合，还要考虑到花卉种植后的管理方法。同时，也应考虑到园林花卉的花坛造型设计，并与花坛的平面图相对应。一般来说，花坛的造型设计应与位置的造型设计保持同向或等角关系，但也要依据地区的实际情况进行设计。

例如，在交通量大或是人流量大的地域，设计景观园林时可以考虑采用环岛式的布置方式，设计环形路以实现引流。尤其需注意的是，花坛的外形要尽量保持对称。在花坛纹饰设计过程中，应该根据本地区的民族特色及风俗习惯进行设计，在展现花坛独特造型的同时，表现其独有的地域风情。在纹饰颜色的选择上，需要选用相对明快的色彩，用最简洁的方式进行展现，同时要保证宽度适当，便于后续管理。

（二）植被选择

确定花卉类型后，需要进行科学的植被选择。例如，对于立体花坛，需要选用分枝比较密集、植株相对矮小且叶子较小的植物，这样可以让设计的图案更加清晰，比如五色草便是不错的选择。如果选用多年生草本花卉，那么就可以根据花卉的颜色进行构图。尽可能避免选择观叶植物及木本植物进行构图，以免形成花丛式的景观。此外，在选择花卉的种类时，要避免选用花朵垂直排列或者植株过高且容易倒伏的花卉种类。

（三）土壤选择

土壤是确保植物存活及效果展现的基础条件，土壤厚度应根据花卉种植需求进行调整。例如，在花坛建设中，土壤是一个非常关键的环节，选择花坛土壤时，要考虑到花卉的生长状况，并结合土壤的密度和湿度，以满足花卉的生长需要。栽植土壤一般要求选用富含有机质的腐殖土，且花坛内泥土层应低于花坛口 3 cm 左右。种植前应对土壤进行除草、翻晒，清除土壤中的碎石及其他杂物，并对土壤进行消毒处理。对于经常轮换花卉的花坛，可直接利用盆花来布置。这样既能机动、灵活地随时轮换，也比较节省劳力、开支和时间，整体效果较好。

五、园林景观花卉种植自然设计

（一）配合原生景观，凸显自然美

园林花卉设计的主要目标是满足人们的审美需求，并在此基础上进行精细化管理，实现景观的差异化。随着生活水平的提高，人们对精神文化的需求日益增长，如何满足人们对美好生活的需求，同时满足人们不断增强的审美需求，是城市建设者必须着重考虑的问题。现代社会的发展要求设计者必须考虑如何更好地打造城市景观，实现从量变到质变的进步。在这个过程中，最主要的是将自然的整体形态与景观造型结合起来。

在进行景观的审美设计时，应充分结合园区的实际环境和当地的风俗习惯，选择合适的花卉，并注意不同颜色的搭配，以符合大众的审美。在园林布局时，应将一些较高的植株放在后面，以防挡住较矮的植株，这样的园林花卉设计形式，能充分展现各种花卉的自然美感，获得更好的花卉设计效果。

（二）合理移植，提升植物适应性

在设计园林花卉方案的过程中，要注意植物的适应性，可根据当地的自然条件和园林条件挑选适合的植物。移植时，要考虑本地的自然环境与植物原产地自然环境的差异，确保其能健康生长。在园林景观设计中，要有一套切实可行的移植方案，对园林花卉建设中用到的植物群落开展综合性归类，进行整体规划，确保园林景观建设的顺利开展。例如，高纬度地区的植物群落对生长环境的要求较低，适合移植；低纬度地区的植物群落对生长环境的要求较高，必须要打造适宜的生长环境。另外，还要注意不同地区不同植物的生长状况也不同，在园林设计时应关注植物形态的变化。

（三）配合环境，确保设计多样性

在园林花卉设计过程中，应以植物的多样性为基本原则，选择不同品类的植物，按照一定的原则进行布置，以获得交错掩映、相得益彰的整体效果。首先，要分清主次，将主要植物放置在中心位置，突出重点，使观者能够明白景观设计要表达的理念，激发观者的观赏兴趣。其次，园林规划不仅要在横向空间扩展，同时还要注意立体的发展需要。植物的生长特性不同，其高度、宽幅等都会有所不同，可依据不同乔木、花卉、地被植物、灌木、草坪以及藤本植物的生长层次进行组合，增强园林植物的多样性。另外，还可在原有环境的基础上适当留用当地植物，并结合物种的适应性与环境条件进行组合搭配，物种的类别越丰富，则植物的多样性就越明显。

（四）合理选用，提升经济价值

园林花卉建设具备一定的服务性，因此在景观建设时，应高度重视对园林景观综合性经济效益的预测分析。设计时，必须考虑项目的总体预算，植物的挑选要适应本地的自然状况。首先，在园林花卉设计过程中，应避免刻意引入稀有植物。可采用观赏性花卉与其他花卉相结合的方式，也可选择自我传播繁殖的花卉和野生花卉。其次，在整个项目规划过程中，要特别注意新项目建设的复杂性，尽量避免复杂的施工情况，提高工程造价。最后，设计中应注意中后期园林花卉的养护，避免导致花卉寿命缩减的情况。

第四节　风景园林草坪景观设计

一、草坪的含义及功能

（一）草坪的含义

草坪有个俗名，叫草地，是风景园林的重要组成部分，它的形成有两条有效途径，一种是通过人工铺植草皮，另一种是播种草种，然后细心地将其培养成整片绿色的地面，人们闲暇时可以在上面观赏或者游玩。草坪经历了上千年的时光，在漫长的岁月中，园林工作者通过不断实践，在草坪功能最大化、规划设计合理化等方面积累了丰富的经验，这些都是提高我国园林景观设计水平的重要理论基础。

（二）草坪的功能

所有绿色植物都有一个重要且相同的功能，那就是保护城市生态环境。当前，一些城市的环境污染较为严重，而草坪可以在净化空气的同时吸附有害气体，不仅如此，草坪还可以保持空气清新。草坪还有一个所有植物都有的优点，那就是防止水土流失。不仅如此，草坪还具有重要的观赏价值，草坪以绿色为主基调，使得其具有一种自然的美感，加上其千姿百态的姿态，让其具有一种个性美，而多样化的植物之间相互搭配，带给人的视觉冲击不言而喻。

城市中到处是钢筋水泥，高楼大厦，而园林中的草坪景观能在一定程度上给城市带来生机，改善环境。草坪的作用还有很多，而为人们提供休息娱乐的场所就是其中一种。草坪主要用在小区、园林等场所，当人们工作劳累时，草坪中的绿色能帮助人们缓解疲劳、释放压力，还有足球场或者高尔夫等场所，一般都运用了草坪，因为它可以避免人们在运动中形成不必要的伤口。

二、草坪在园林景观设计中的作用

（一）构建园林景观空间

如果要开创一个视野开阔的园林景观空间，需要借助地形及草坪设计，草坪面积不宜过小，且草坪中间不宜配置过多的层次树丛和乔木，给人以进深感和空间开阔感。草坪最大的功能是能给游人带来宽阔的空间与一定的视觉距离，以便游人观赏景物。当人们在草坪上玩耍时，不仅能被这个平面吸引，还会对周围的立面产生兴趣。

（二）衬托主体，突出主题

草坪是园林景观的重要组成部分，是丰富园林景观的基础，犹如绘画中的底色，而当中的花草树木、建筑、山石则是绘画中的主体。如果没有了草坪，就像没有了底色的图画，无论主体多么绚丽多彩，看上去就像未完工的图画。没有草坪作为整体的底色，整个园林景观空间的布置将会变得杂乱无章，难以取得好的艺术效果。

（三）构造特色景观

设计师通常会借助艺术手法，通过植物的线条、形态、色彩等特征来打造具有特色的景观植物；还可利用草坪与其他植物加以组合，从而创造出多种多样的园林景观空间。草坪最适合表现景观平面的造型形态，利用草坪的几何形态可以设计出各种规则的草坪花坛景观。而各种不规则的草坪形态还能调节各种景物的疏密程度，从而打造出不同的景观效果。

三、草坪景观的配置要点

（一）因地制宜，科学引种

草坪的生长对土壤、气候等有一定的要求，在考虑草坪品种时，一定要了解当地的气温、土壤条件、地形等，选择适合当地生长的优良品种。暖季草坪生长在 25～35 ℃的环境中，一旦温度低于 10 ℃，会导致草坪休眠，而冷季型草坪耐温性更强一些，抗低温能力强。应根据情况，选择符合要求、绿期最长的草坪品种。

（二）对比与调和

对比与调和是园林设计最常用的手法之一，运用这一方法可使整体景观层次鲜明、丰富多彩，既能突出主要景色，又能烘托整体氛围，园林之美自然流出。在运用对比与调和这一手法时，可从颜色变化、空间起伏、高低层次、前后呼应、体量差别等多个角度进行思考，既体现差异性，又前后呼应、相互统一。例如，在小丛的花卉植物外，运用大面积铺开的草坪，少量的红色配以大量的绿色，获得"万绿丛中一点红"的配景效果。

（三）韵律与节奏

韵律与节奏原本是与音乐或诗歌有关的专有词，是人、自然和社会活动相结合而形成的有规律的变动。在功能性园林中，会出现多批量重复性景物。例如，烈士陵园中的墓碑，在充满秩序感的规则布局中，以草坪、鲜花的摆设体现节奏感，在韵律和节奏的结合下，创造出灵动的园林景观，增强画面感染力。

四、草坪植物的配置设计

（一）草坪草种的选择

在草坪建植过程中，为了保证草坪健康生长，必须选择符合草坪所在地区的草种进行种植。第一步，科学确定建植草坪地区的气候类型、土壤土质等，这是保证草坪日后能够健康生长的基础。第二步，选择多个草种作为建植备选草种，依据建植草坪地区气候、土质特点和不同草种适宜生长的条件，综合确定最适宜草种，比如是选择冷季型草坪草，还是暖季型草坪草；是选择对土壤肥力要求高的草种，还是选择对土壤肥力要求低的草种；是选择对土壤水分要求高的草种，还是选择对土壤水分要求低的草种等，这些需要提前了解草坪所在地区的气候、土质等。第三步，在充分了解草坪所在地区气候、土质及不同草种特点的前提下，确定具体用于建植草坪的草种，当然这时也要考虑所选草种的经济性及建植技术的可行性等。

（二）草坪植物配置设计

1.草坪主景功能植物的配置设计

草坪设计中一般都会有"主景"，即以有特色的孤赏树、树丛作为草坪主景来进行配置，且都是位于草坪中比较显眼的位置。如果整个草坪地形呈起伏状态，那么草坪主景最好配置在地形、地势的最高处，而为了突显主景，在主景之外的其他树种，要避免与主景树的体量过于接近或颜色过于相似，以避免草坪主景不突出的问题。总体来说，就整个草坪区域的构图中心而言，一般都是选择孤植树，孤植树会让人以整个草坪为视觉中心，另外，草坪与孤植树体量、高度的对比，也能形成一种视线上升、高耸之感。

就草坪中孤植树主景来说，要注意孤植树的个体美，树姿应挺拔，色彩应鲜明，外形应大气，要尽量选择寿命较长的特色树种，如雪松、银杏、合欢、垂柳、栾树和法桐等。草坪中孤植树主景与周围景点之间要保持一定距离，为营造一种空旷之感，周围景点与孤植树的距离最好保持在4倍树高左右。如果不选择孤植树做草坪主景，而是选择树丛做草坪主景，那么最好保证树丛树种的一致性，在丛植各株间距上要有所不同，体量之间最好有差异，这样设计的草坪主景能给人统一而不呆板之感，比如可选择水杉、圆柏等树种（树丛）作为草坪主景。

2.草坪其他功能植物的配置设计

对草坪来说，除了要有主景树外，其他空间还可以进行专门的配置，以丰富草坪植物景观，创造更加优美、舒适的草坪环境。

（1）丛林式配置

要想在面积较小的草坪上营造一种自然的意境，从而让人产生领略到大自然风光的感觉，那么就离不开对特殊地形的利用，如在地形起伏的草坪上，自由种植一片单一、高大树种，从而增强树丛的美感，创造自然意境。

（2）空间隔离配置

要发挥树丛的空间隔离作用，从而完成对草坪的划分。在树种的选择上，最好选用分枝点低的常绿乔木，或者枝叶发达、枝条开展度较小的灌木类。而在草坪与灌木之间，可配以观花、地被植物作为过渡。

（3）背景配置

要想保证草坪上的花坛、花丛、主景树丛及建筑物等达到预期的设计效果，离不开背景树丛的陪衬。在背景树种的选择上，应坚持树种单纯、树体紧密的原则，旨在衬托前景，如选择不同树种，那么在树冠形状、树高及风格上最好保持一致。

（4）庇荫配置

为了保证城市里的人们可以在夏季享受树荫，可以使草坪容纳较多的人休息纳凉，需要在草坪上专门种植庇荫树。庇荫树的选择，要求树冠要大、枝叶要密，且不易发生病虫害，如可选择悬铃木、香樟、杨树和马褂木等做庇荫树。

五、具体应用

（一）草坪与园林植物的搭配

大片大片的草坪具有整体性和开阔性，因此大多园林工作者都会将草坪景观作为主景，并用其他植物作为点缀，这样一来，就会给人一种恬静的感觉。但还有一种方法，那就是将高大的植物塑造为主景，用草坪作为点缀，如此，就能避免植物景观在塑造方面的单调性，虚虚实实、虚实结合，能打造一种非常棒的视觉效果。

（二）草坪与园林水景的搭配

大多视觉效果丰富的园林景观都离不开水景，要做好草坪与园林水景的搭配，首先要考虑的是上文中所说的生态效益，岸边通常水土流失较为严重，所以应优选根系发达的草种，起到固土护坡的作用。如果草坪设计与水景比例协调，就会形成十分具有冲击力的视觉效果，将蓝天、白云、青草、水景结合起来，水天一色，也能绘出一幅自然而美丽的画卷。将静态的草与动态的水结合起来，动静结合，会给人带来一种别样的感受。

（三）草坪与园林建筑的搭配

园林建筑主要指人工塑造的景观，而草坪景观更多的是一种自然美感，两者相结合，能达到人与自然的和谐统一。园林建筑大多是用冰冷的钢筋、水泥等建造的，缺乏生气，如果不搭配植物，就显得太过冰冷了。草坪本身低矮又开阔，能在很大程度上衬托园林建筑的高大雄伟。

（四）草坪与园林景石的搭配

我国自古就重视园林景石在景观中的作用，比如苏州园林更是达到了极致，园内景石造型奇特，千奇百怪，让人浮想联翩，观赏价值极高。景石与草坪的搭配也非常常见，现在很多园林都喜欢在空旷的草坪上竖立几块特别的大石头，远远看去，竟有一种特别的野趣。草坪与景石的搭配，极大地丰富了其在空间层次上的变化。

第五章 风景园林建筑小品设计

第一节 风景园林建筑小品
在园林建筑中的地位及作用

构成园林建筑内部空间的景物，除了亭、廊、榭、舫（包括其他建筑物）以及花、木、水、石外，还有大量的小品性设置。例如，一樘通透的花窗，一组精美的隔断，一片新颖的铺地，一盏灵巧的园灯，一座构思独特的雕塑以至小憩的座椅，小溪的桥津，湖边的汀步等，这些小品不论依附于景物或建筑之中，还是相对独立，其选型取意均需经过一番艺术加工，精雕细琢，并能与园林整体协调一致。

在园艺造景中，建筑小品作为园林空间的点缀，虽小，倘能匠心独运，辄有点睛之妙；作为园林建筑的配件，虽从亦每能巧为烘托，可谓小而不贱，从而不卑，相得益彰。所以园林建筑小品的设计及处理，只要剪裁得体，配置得当，必能构成一幅幅优美动人的园林景致，充分发挥为园景增添景致的作用。

杭州玉泉风景区"山外山"餐厅的山门，在它的正面墙上开设了一樘雅致的扇面空窗，隐现出后面小小空间的翠竹和湖石，为游览者提供了一幅生动的立体"国画"。强烈地吸引着人们的视线，自然地把游人疏导至餐厅的入口。广州友谊剧院贵宾休息室小庭院，是由简洁的隔断、朴实的石墙、栏杆小凳及天棚围成的空间，在绿丛、景石、小池的衬托下，别有一番趣味；天棚圆孔带来的奇妙光影变幻，也给小院增添了光彩。

无论是扇面景窗还是休息庭院的隔断墙、天棚圆孔,它们虽然都是小品,但在造园艺术意境方面却占有举足轻重的地位。可以说,建筑小品的地位,如同一个人的肢体与五官,它能使园林这个躯干表现出无穷的活力、个性与美感。

园林建筑在园林空间中,除有其自身的使用功能要求外,一方面作为被观赏的对象,另一方面又作为人们观赏景色的场所。因此设计中常常使用建筑小品把外界的景色组织起来,使园林意境更为生动,画面更富诗情画意。园林建筑小品在造园艺术中的一个重要作用,就是从塑造空间的角度出发,巧妙地用于组景。

苏州留园揖峰轩的六角通窗,翠竹枝叶似很普通,但由于用得巧妙,也构成了一幅意趣盎然的景色,远观近赏,能引发人的幽思。在古典园林中,为了创造空间的层次感和富于变幻的效果,常常借助建筑小品的设置与铺排,一堵围墙或一樘门洞都要精心塑造。苏州拙政园的云墙和"晚翠"月门,无论是位置、尺度还是形式,均恰到好处,自枇杷园透过月门望见池北雪香云蔚亭掩映于树林之中,云墙和月门加上景石、兰草和卵石铺地所形成的素雅近景,两者交相辉映,令人神往。扬州瘦西湖柳堤上的吹台小亭注重组景,在临水墙面开设月门,从亭前透过月门向外眺望,对岸的白塔和五亭桥在框景中重新组织起来,使景色得以艺术地再现。

由上述例子可见,园林建筑小品从园林建筑设计构思开始,就应从整体出发,以确定其形式、尺度和组合方式。

园林建筑小品的另一个作用就是运用小品的装饰性来提高园林建筑的鉴赏价值。北京动物园两栖爬行动物馆大厅中,以各种动物抽象姿态图案构成金属装饰隔断,图案轻盈,形式大方,给人一种美的享受。

上海南丹公园"凤梅"花窗主题鲜明,图案新颖,展翅的孔雀似以欢乐的情绪迎接游客,使观赏者心情愉快。南宁邕江饭店的屋顶花园,以支柱和屋顶构成的休憩空间,由于在支柱间灵活布置了墙段、空花窗及装饰隔断等建筑小品,加上配置的景石、花池、草坪,大大增强了空间的艺术感染力。显然,园林建筑可运用小品进行室内外空间、形式美的加工,是提高园林艺术价值的一个重要手段。园林建筑小品特别是那些独立性较强的建筑要素，如果处理得好，其自身往往就是造园的一景。

杭州西湖的"三潭印月"就是一种传统的水庭石灯的小品形式，它"漂浮"于水面，使月夜景色更迷人。湛江公园一座构思别致的喷水池，在园林环境中位置相对独立，喷水池表现的是"小象喷水把群鸭赶得展翅纷飞"的情形，一种欢乐气氛油然而生，活跃了观赏的情趣。海南岛一个花圃在庭园中所塑造的热带植物雕塑，使庭园艺术趣味焕然一新。热带植物在海南岛是很常见的，如果在这里仅仅是种植几株真实的热带植物，并不一定能引人玩味。

园林建筑小品除具有组景、观赏作用外，还常常能对那些功能作用较明显的桌凳、地坪、踏步、桥岸以及灯具和牌匾等进行艺术化、景致化处理。一盏供照明用的壁灯，虽可采用成品，但为了获得某些艺术趣味，不妨用最普通的枯木或竹节进行艺术加工，倘处理得宜，绝不嫌简陋，相反倒使人感到别具一格。广州兰圃竹节壁灯就是一种工艺价值很高的小品，它与室内以竹材编织的顶棚、墙壁相互呼应，形式亦十分协调。

庭院中的花木栽培，为使其更加艺术化，有的可以在地上建造花池，有的可以在墙上嵌置花斗，有的可以构筑大型花盆并处理成盆景的造型，有的也可以选择成品花盆，把它放在花盆的台架上，再施以形式上的加工。沈阳一公园在水泥塑制的树木枝干中，错落搁置花盆，使平常的陶土花盆变成了艺术小品，十分生动有趣。园林建筑中桌凳可以用天然树桩作素材，以水泥塑制的仿树桩桌凳也能增添不少园林气氛。

同样，仿木桩的驳岸、蹬道、桥板都会取得上述既自然又美观的造园效果。就地面铺装而言，其功能不外乎为游人提供便于行走的道路或便于游戏的场地，但在园林建筑中，就不能把它作为一个简单的技术工程去处理，而应充分研究所能提供材料的特征，以及不同道路与地坪所处的空间环境，考虑其必要的形式与加工方式。例如，在草坪中的小径，可散置片石或水泥板，疏密适宜，以水泥铺筑的室内或室外地坪，则可在分块、分色以及表面纹样的变化上进行推敲。

第二节　风景园林建筑小品
发展的历史沿革

一、传统园林建筑小品

传统园林是为满足人们的需要在城市环境中建立的一个模仿自然环境的场所，用以供人观赏、游憩。此时的园林主要是在一个围合的空间内建造如公园类的公共环境场所，借鉴的是中国古典园林造园思想。其实，此时很多的公园就是把古典园林进行简单改造后，再对外开放，是一个个独立的园子，与周边的城市建筑、街道等环境没有形成一定的联系，只是一种简单的混合。

传统的园林建筑小品还是以我国古典园林中的假山、亭、游廊、景石等为主，在园内简单划分出儿童游乐场所，没有其他过多的功能布置。

二、现代园林建筑小品

在现代城市发展建设过程中，生态环境被破坏，促使人们在现代城市中寻找园林发展的空间。

（一）城市园林绿地系统

由于生态环境日益恶化，人们意识到保护环境的重要性与必然性，城市园林绿地系统理论由此产生。该理论强调城市园林建设是点、线、面三方面相结合，主张城市园林绿地通过放射形态的网状方式覆盖整个城市。此时的园林虽然注重改善生态环境功能，但仍然以观赏环境为主，很难兼顾多重功能。一些研究者开始探索让园林服务于大众并与城市整体环境相结合的道路。

（二）大园林

大园林思想的发展，是建立在传统园林和城市园林绿地系统这两个基础之上，继承和发展了古典园林理论，并且借鉴了苏联城市系统绿地规划理论和起源于美国的景观建筑理论。其核心理论是建设园林式的城市、国家，本质则是将园林规划建设放到整个城市的范围内去考虑，形成一个城市园林的整体。它强调城市环境中人与自然的和谐，并且能够满足人们迫切改善自然环境的愿望，满足人们回归自然的需求；满足人们对由建筑等硬质景观与山石、水体和植物等共同构成的环境美、自然美的需求，创造集生态功能、艺术功能和使用功能于一体的城市大园林。

现代园林理论结合了中西方传统园林中的要素，融合了现代园林理论，根据人们的需求进行了创新，园林建筑小品的形式也越来越多样化。图 5-1 所示为衡阳南湖公园铜艺雕塑与白鹭戏水雕塑，图（a）为衡阳南湖公园滕景阁前的小型广场边上的铜艺雕塑，表现的是老人与狗在此休息的场景，展现游人来此休闲游玩的乐趣；图（b）则是南湖公园湖面一处白鹭戏水雕塑，展现了湿地动物的风采，表现了南湖公园的湿地公园主题特色。

（a）　　　　　　　　　　　　　　（b）

图 5-1　衡阳南湖公园铜艺雕塑与白鹭戏水雕塑

三、园林建筑小品的类型、特征及功能

（一）类型

园林建筑小品从观赏性与实用性角度可分为两类，即单一观赏性建筑小品和既具有观赏性又具有实用性的双重功用建筑小品。

1.单一观赏性建筑小品

单一观赏性建筑小品广泛分布在古典园林和现代园林中，它通过自身美感带给观赏者视觉与心灵上的享受。单一观赏性建筑小品在园林所处的位置一般较为重要，大多布置于整个园林景区的构图中心。其中比较典型的有以下几种。

（1）园林雕塑小品

园林雕塑小品主要指带有观赏性的户外小品雕塑。雕塑小品的题材源于生活，但往往可以展现出比实际生活更丰富的情感和理念，并赋予园林别具一格的艺术魅力和精神内涵。雕塑小品的规格可根据具体情况来定，其刻画的形象可绚丽多彩，也可简洁质朴，表达的主题可庄严肃穆，也可轻松愉快。一般可将园林雕塑小品细分为以下几类。

①人物雕塑。人物雕塑通常展示一些具有历史意义、反映社会生活风貌的典型人物。它不仅使周围环境表达了鲜明的主题又给整个园林增添了活力。

②动物雕塑。动物雕塑又称动物雕刻，其以丰富多彩的动物形象为原型，狮子、麒麟、飞龙、骏马、老牛等雕塑较为常见。动物与人类社会密切相关，不同时代、不同种类的动物具有不同的象征意义，也会带给人类不同的心理感受与联想。例如，作为百兽之王的老虎，给人的感受是凶猛、可怕，它象征了权力、威望、强势。在春秋战国时期出现的虎符，是帝王发给地方将领用于调兵遣将的凭证，象征了至高无上的军权。然而，在以儿童为主题的园林公园中就不适宜摆放这类以猛虎、雄狮、飞龙为原型的雕塑，而适宜安置以玉兔、绵羊、梅花鹿为原型的动物塑像，以满足儿童的心理需求。

动物雕塑蕴含特定的文化传统，如传说中的神兽麒麟，它是我国古代神话传说中的祥兽，故古人常用麒麟的形象进行祈福。古时德才兼备的才子也有"麒麟才子"的美誉。不同的动物形象所象征的意义不同，因此选取动物雕塑的形象时应结合周围环境和历史文化特点，更要满足观赏者的心理需求。

③抽象性雕塑。抽象性雕塑是指不具备具体形象的雕塑，即非写实雕塑，它对雕塑形体样貌的刻画不同于"传移摹写"中"写"的意义。抽象性雕塑不像写实雕塑那样在特定主题下去模仿、竭力追求外观的相似。它的目的是通过"写"去抒发情怀，表达思想观念。抽象性雕塑常用的手法是"畅神而已"，并非"以形写形"。唐宋时期兴起的"画中有诗"的"意境说"，便可体现抽象性雕塑的意境美。

摩尔（H. S. Moore）是英国著名的现代抽象派雕塑大师，他的代表作《王与后》是一件创作于 1952 年至 1953 年间的青铜雕塑。该作品位高 161.3 cm，作品中"王"的头部是皇冠、胡须和颜面的综合体，面孔十分怪诞，像个面具，似人非人，身体薄且长，呈扁叶状。"王"的姿态比"后"的姿态更为自信和从容。而"后"的姿态则更为端庄、祥和。雕塑以此说明原始皇权与人类温善本性的对比。作品被摩尔安置于英国苏格兰一处贫瘠的丘陵之中，此举将统治者形象与英国文化的传统观念联系在一起。随着时光的流逝，"王"与"后"静静地坐在荒原中，仿佛从远古时代端坐到今日。自然环境的衬托让雕塑有一种历史感和神秘感，引发人们的无限联想，朦胧地表达了当代人的迷茫和失落。

（2）园林壁画小品

壁画是建筑美学的一部分，指人们在墙壁上所绘的画。它是装饰和美化环境的传统手法。著名的壁画大家李广会曾说过，墙壁作画不拘于某个特定的场所，作画内容也是随心所欲的，可以根据装修选择主题风格。壁画起源于原始社会，我国从周朝以后，历代宫室和园林皆饰有壁画。壁画在唐代达到鼎盛时期，出现了许多古今闻名的壁画。现代壁画可以分为四类。

①手工画。手工画指用手工将画绘在特定的材料上，然后将材料贴在特定的墙壁位置。特定的材料可分为普通类和高档类，普通类诸如常用的宣纸材料，

高档类可采用绫罗绸缎。

②手绘画。手绘画是指直接将画绘在墙壁上，不使用特定材料作为载体来完成过渡。当代典型的手绘画代表是园林与街道墙壁上的宣传画作。手绘画的优点是简洁明了，缺点是耐久性差、色彩鲜艳度不足。

③墙贴画。墙贴画是指用电脑作画后通过机器喷绘所形成的壁画。墙贴画与手绘画类似，都需要特定材料作为载体。但墙贴画完全依靠机器控制，其生产效率比手绘画高。

④装饰画。装饰画是指直接通过绘制或印刷出画心，然后用木条或木板捆起，直接在木板上作画，最后直接挂墙上的一类画作。

（3）园林赏石小品

园林赏石小品又称园林观赏石，是指具有一定观赏性或观赏价值的石头，可大致分为工艺石与非工艺石两类。我国的赏石文化源远流长，底蕴深厚，形成了形形色色的园林赏石小品。赏石小品又可根据鉴赏角度分为天然类赏石、石艺类赏石和水晶赏石。

①天然类赏石。天然类赏石又称为原生石，是指石头从自然界中被开采后，保持石头本身的自然形态，不经任何加工。天然赏石是园林中最古老的"艺术品"，其完成者是大自然中的风雨雷电、山川河流。观赏者可从中欣赏到自然原生态之美。

②石艺类赏石。石艺类观赏石是指以原生石为基材，经人工设计、加工制作完成之后而具有观赏性和装饰性的一类赏石。石艺类赏石常被人格化。设计师会综合运用各种艺术手段，在作品中反映自身的创作意图、审美情趣、审美观念、人生态度和价值取向，从而赋予石头"生命与内涵"。

③水晶赏石。水晶赏石是指具有一定观赏价值的天然形成的水晶矿物或经匠人稍加打磨的包裹体水晶。此类赏石在园林中的应用较少。

此外，观赏性园林建筑小品还有喷泉、石碑、花坛、树池等。

2.既有观赏性又具有实用性的建筑小品

既有观赏性又具有实用性的建筑小品可根据其功用主要分为以下两类。

（1）供休憩类园林建筑小品

供休息类园林建筑小品指为游人提供休息场所，具有简单使用功能的建筑物。此类建筑小品应用广泛，园林路旁、广场周围、湖边池畔均可设置，椅、桌、凳及遮阳伞是最常见的几种供休憩类园林建筑小品。此类建筑小品的布置位置常结合环境，一般宜选择在游人需停留休息并有景可赏之处。在不同场所，其数量及造型也应结合环境，因地制宜。仿生学理论在休息类建筑小品中的应用数见不鲜。用混凝土制成的仿树墩的桌和凳，与周围环境相辅相成，实现了建筑小品与环境的完美结合，极具观赏与实用价值。

（2）服务性园林建筑小品

服务性建筑小品是为游人在游览途中提供生活服务的建筑，它是公共需求的基础设施，在园林中必不可少。此类建筑小品常见的功能有照明、展示、导游、宣传等。主要有下列几种。

①照明小品。园灯是此类小品的代表作，其主要起照明、装饰园林和美化环境的作用。园灯既可以在夜间为游客提供引导，又可根据不同的色调和造型来丰富园林夜景。设计师可根据不同环境、不同地理位置的不同审美要求，来选择园灯的高度、造型、亮度和色调，以达到造型布局与周围环境协调一致的效果。园灯的高度和规格应根据其所处空间来选择。在人员集中的开阔场地，园灯要有足够的亮度；园林道路两旁的园灯要求亮度均匀，避免树木、花草等的干扰；园林中的路灯常选乳白灯罩以防止眩光，灯的造型力求精细、别致，以便营造宁静、诗意的氛围。

②宣传小品。园林和公园是居民和游客观赏景观、休闲娱乐的场所，也是进行文化宣传的阵地。宣传小品主要包括宣传牌、解说牌等。解说牌又可细分为展览栏、园林导游图、园林布局图、说明牌以及指路牌。这些宣传小品造型新颖、主题清晰、布局灵活，易于被游客接受，受到广泛的关注与欢迎。宣传小品能以优美的外观、灵活的布局点缀园林环境。

③管理性园林建筑小品。管理性园林建筑小品是指在园林中起管理、辅助美化环境作用的建筑小品，具有保障游客安全、划分活动空间、提供便捷服务、

点缀和装饰环境等作用。栏杆、景墙、门窗都是管理性建筑小品中的典型代表。单独一件管理性建筑小品都可自成一处景观，与周围环境中的山水、树木、花草交相辉映。

栏杆包括护栏、栅栏，与围墙和景墙的功能类似，一般都是为保障游客安全、安全防护等目的而进行设置的。合理布置栏杆的位置可以将空间的分隔与景色的交互渗透协调起来。

景墙是古代经典园林建筑中常见的小品，是园林空间构图的一个重要组成部分。其形式不拘一格，功能因需而设，常分为障景、漏景以及背景。景墙能起到分隔空间、展示文化、衬托景物、装饰美化、隔断视野的作用。

入门与景窗。园林入门主要起引导旅客、交通疏散以及美化街景的作用。园林入门沟通了门内外空间，实现了景观空间上的过渡。内外衔接恰当可展现一幅生动的画面，给游客带来一种"别有洞天""步移景异"的视觉享受。

园林景窗俗称漏墙、花墙洞、漏花窗、花窗，经常用于古代经典园林建筑中的装饰性透空窗。其窗洞内装饰着各种镂空图案，透过景窗可隐约看到窗外景物。景窗是流动空间的通道，也是游客借景时裁剪风景的取景框。艺术家称赞"窗就是诗人的眼睛"。窗是一种固定空间，景窗可以将这种固定空间化为跃动的生命，展现全新的艺术美。

（二）小品特征

1.整体性
园林环境不是一个单独的个体，它是由几个不同的要素共同组合而成的，因此在设计的过程中不仅要充分考虑其与周围环境的关系，同时还要保证其在形式与风格上的和谐统一，从而保证景观的整体性。

2.科学性
小品的设置并不是随意布置的，要结合景观及交通地形的变化进行有科学依据的设计及布置，并结合其他几个要素形成完整的景观空间。

3.民族艺术风格

小品除了具有使用功能外，还要具有一定的艺术观赏性，同时还要体现一个地区的历史文化与人文风俗。

（三）功能

每一个小品在环境中都有着自己的作用，或是为人提供服务，或是划分空间区域，等等。根据小品本身在园林中的空间环境关系及其本身所起的作用，可把小品的功能分为使用功能和景观功能两大类，其中景观功能又可大致分为以下几个功能。

1.组景

在园林景观环境中，小品除了本身具备的观赏和使用功能外，还能起到组织画面空间导向及构图的作用。小品能引导游人按照既定的游览线路前进，或是巧妙地划分空间区域，制造空间层次变化，等等。例如，景墙除起到分隔空间的作用外，还能把整个景色有序地连接起来，让游客在游览的时候，随着步伐的前进，获得步移景异的感受。还可利用墙、廊、栏杆、门洞、园桥等具有视线目标导向作用的园林建筑小品来有效地组织，划分空间层次，并且合理地为游客规划游览路线，给园林景观效果带来更丰富的变化。

2.赏景

小品本身就是一件被人们精心设计而制作的工艺品，具有独特的欣赏价值，或是作为观赏周围环境及景物的场所。根据建筑小品自身所处的位置，或通过其与环境的对比，能让游客观赏到不同的景观。根据建筑小品的造型、色彩、材质等特点，合理地布局，其本身就可以成为环境中的一道景色。例如，水景与材料的搭配运用，再加上鲜明的色彩，即可创造出新颖的建筑小品，给人带来艺术的享受，比如武汉长江一侧的晴川阁，即通过绝对的视觉高度让游客观赏长江及武汉长江大桥的全貌，达到观赏全景的效果。

3.点景

点景即点缀园林风景，形成园林景观构图中的中心或主景，并且恰当设置建筑小品，能起到渲染环境氛围的作用，让人在游览之余感受自然景色的趣味。例如，木质的原始造型的长条凳及树墩，能融入周围的自然景色；湘西凤凰古城内河面上的风雨桥，能起到点缀整个河面的作用，控制整个河面的景物布局；同是湘西凤凰古城内河面上的景物，不同的是水车靠近水岸边，是适宜近观的局部小景，因此它只是起到点缀河面局部景观的作用。

第三节　风景园林建筑小品
设计原则与程序

一、风景园林建筑小品设计原则

建筑小品的设计应满足人的审美需求和心理需求，并力求与周围环境有机结合。精巧的设计可达到"景到随机，不拘一格"的境界，使人在有限的空间中延伸出无限的想象空间。国内外有许多优秀的园林设计师，也涌现出了一件件杰出的设计作品，比较典型的作品有苏州园林中的赏石、雕塑小品以及诸多设计精妙的园林仿生小品。梳理设计师的设计思路和设计理念，可总结出风景园林建筑小品设计应遵循的几点原则。

（一）以人为本

风景园林建筑小品设计的本质目的是为人服务，因此其最基本的设计原则就是以人为本。建筑小品设计反映的是人对空间的新要求，即因不满足原有环境而进行创作活动。这种创作活动由主观因素和客观因素共同决定的。人是自然环境的服务对象，是环境的主体，环境小品的设计必须从人的生活习惯、行为特点、心理需求出发，以这些参考依据来决定空间的改进方向。

人的尺度指人体在环境中完成各项活动的空间范围，它是决定建筑小品空间尺寸的重要依据。不能满足人的尺度需求的建筑小品是行不通的。人的尺度潜在决定建筑小品的细节设计，如电话亭的高度、座椅的尺寸等。人机工程学是以人的心理需求为圆心，生理需求为半径，建立人与建筑物之间的和谐关系。结合上述理论可以最大限度地落实以人为本的设计理念。

（二）与环境和谐一致

建筑小品的造型、色彩、材料要与环境协调一致。在对特定建筑小品进行设计时，首先要明确园林景观的主题风格与建筑特色等，根据环境特点确定小品的形式。例如，对苏州园林中建筑小品的设计必须符合中国古典园林的风格，采用古典式的景墙、景窗等，以保证风格协调一致。建筑小品作为实体构成的空间，需要服从局部环境服务于整体环境的原则，要限制不适宜的表达手法，使其与环境有明显的主次之分，使景观达到浑然一体的效果。

在设计实例中，仿生学的巧妙运用可达到"以假乱真"的效果，极为自然。材料选取尽量遵从就地取材原则，使其与周围环境的对比不致过于强烈。色彩的运用在建筑小品设计中有着极其重要的作用，不同的色彩可以营造出截然不同的氛围，如绿色带给人生机盎然之感，等等。

（三）展现地域文化特色

园林建筑小品风格各异，要展示其特色，不能千篇一律。一个地方的自然环境、风俗习惯、建筑风格、宗教信仰、审美特性构成了当地独特的文化内涵。建筑小品是这些文化特征的综合体与体现者，其创作过程是文化内涵不断演绎与升华的过程。建筑小品的设计应与本地文化背景相呼应，展现其独有的风格。要将当地的文化内涵与地方特色融入小品设计，真实地反映一个地区的社会生活背景和历史文化特色，从而展现当地的文化特色。

（四）体现时代特征

时代特征通常包括精神文化特征和物质文化特征，这两方面的特征可以展现当代社会人们对生活内容与行为模式的需求。在建筑小品设计过程中，设计师要合理运用现代设计手法，把握当今时代的价值观等时代特性，使设计具有历史延续性。具体来说，可从以下三方面着手。

1.建筑造型

人们的审美观随着时代的发展不断演进，多元化已成为这一时代的重要特征，建筑造型也日益多元化。因此，设计师应用现代审美观念去表达传统文化的精华，设计出体现时代特征的优秀作品。

2.建筑材料

新型合金、玻璃钢等材料逐渐进入现代建筑市场，这些材料具有节能环保、节约成本、促进建筑技术发展的优点。在不影响周围环境的前提下，宜选用新型建筑节能材料。

3.施工工艺

新型施工工艺的引入使得建筑业有了长足的进步，采用新型工艺往往可以极大地提高生产效率，实现可持续发展。

二、风景园林建筑小品设计程序

基于上文论述的风景园林建筑小品设计原则，可总结出一套实用性强的设计流程。

（一）设计准备阶段

设计师在接到建筑小品的设计任务时，应首先明确设计的要求和主要内容，并详细研究所有与设计相关的内容。

1.地理位置和环境要素分析

在对建筑小品的外环境进行设计时，应根据投资方提供的资料，收集建筑小品预建位置的地形图、航拍图，了解当地的地貌、周围环境等，同时，要详细调查已有的建筑小品设计，使新设计的建筑小品与之匹配。在对建筑内小品环境进行设计时，应了解室内空间的周围环境及各相关要素。建筑小品外环境要素主要包含气候环境、自然风光等，设计师要收集当地气象局积累的气象资料，如全年降水量、每月最低和最高气温、空气湿度、风向及风力等。建筑小品内环境要素主要是人文要素。

2.实地调查

设计师要到规划场地进行实地调查，调查的对象主要包括附近主要人群的类别和数量，周围环境的建筑小品风格，当地的建筑小品传统和习俗等。分析施工处的平面形式与立面形式，了解地形的坡度，了解建筑小品的位置、高度及土石状况，分析建筑小品的空间大小、结构类别及装饰风格。建筑小品设计最本质的目的是在建筑与环境协调统一的基础上，最大限度地满足人的需求。

建筑小品设计必须充分考虑人群的影响，了解建筑小品周围人群的行为与需求，以获取最有效的信息。对人的行为与需求的调查研究也是对建筑空间功能的调研。此调研的目的是更清楚地了解人们在居住环境中的行为，从而明确怎样设计才能更好地满足人的心理需求。实地调研中，常采用的方法有调查法和观察法。设计师可通过面谈、问卷调查、电话询问等方式来获取信息。

3.地域文化及传统建筑小品特色分析

当地的人文特征、建筑小品传统、生活习俗等都是设计构思的来源，设计师可结合当地的民俗民情、传说典故等人文要素来设计出可以体现当地文化特色的建筑小品。

4.调研结果分析与研究

依据建筑商的要求以及调研所得结果可以进行全面、细致的研究，从中提取有效资料，具体要进一步完成以下设计：①确定建筑小品的设计风格，如古典或现代、中式或欧式等；②总结设计构思与作品定位，总结出建筑小品设计的总体指导思想、设计理念及设计要求；③确定建筑小品设计的方向，针对提取的有效信息给出合理的参考，并确定设计主题。同时，要对项目的设计条件进行分析。通过对现状的分析，总结出在此环境中设计园林建筑小品的不利条件、限制条件以及有利条件。具体分析内容包括空间环境特征分析、需求功能分析、文化传统以及风俗民情分析、投资效益分析、社会生活心理分析等。

（二）创意设计阶段

这一阶段在整个工作过程中至关重要。进行创意性设计的基础有两点，即明确设计目的及任务，编写项目计划书和设计资料。第一，组建设计团队。如何组织建筑小品团队以及如何进行合理的分工合作都将影响作品的质量。此过程要确定项目主要负责人、首席设计师以及制图员和项目施工经理。第二，完成创意设计草稿。设计内容包括设计小品的手绘草图、功能分析草图、概念性平面草图以及现状分析草图。第三，筛选并完善方案。建筑小品设计完成后要将多套方案的设计草稿递送建筑商选择，并对最终选取的方案进行适当修改（包括对建筑小品的造型、材料和色彩的选择）。

（三）设计制作阶段

创意设计阶段注重设计作品的创新性和艺术性，而在设计制作阶段则更关注设计方案的科学性和可靠性。对于制作过程，要求建筑尺寸规范、材料使用合理，体现科学严谨原则。此过程包含施工图制作、模型制作和效果图制作。施工图通常包括建筑小品的平面图、剖面图、立面图、定位尺寸图以及材料明细表和设计说明。模型制作的直接目的是让创意设计得以在三维空间展现，以便于设计师更直观地进行观赏与评析。模型制作的常用手法有手工制作与电脑三维设计模拟。制作效果图的目的是向建筑商呈现建筑设计的整体效果并为进一步施工提供参考。

（四）建筑小品设计的表达

一个好的建筑小品在创意设计结束后要进行作品表达，表达形式通常包括文字表达、模型表达、图形表达还有口述四种。文字表达即通过编写设计方案来向他人展示作品的主要内容，这要求方案所表达的内容要简明扼要、条理清晰。模型表达所采用的手工模型或电脑三维模型以及图形表达所采用的 CAD 图纸，都要求视觉效果生动形象，且能准确地表达创意特征。

（五）项目施工的检验阶段

项目在设计结束后即进入施工阶段，进入此阶段时必须完成工程项目部、财务部、技术部还有计划部和综合部的组建。要注重项目各部门的协调配合以及施工队伍的管理和监督。在施工过程中一定要遵循技术性、分类性、季节性、分期性和安全性原则。项目施工结束后一定要进行必要的验收与修改。建筑小品设计的整个过程可能会受诸多因素的影响，如社会文化，城市建设决策领导人或设计师的个人知识，当时的科学技术、市场信息等。建筑小品在完成后一定要经过一段使用期，因为其在某些方面可能还适应不了社会发展及使用者的需求。当地的居民会像一面镜子，及时反映设计的不足之处。设计师和项目部必须及时进行调整，并为下一轮建筑小品设计作准备。

（六）项目评价阶段

建筑小品作品在投入使用之后要及时对其进行合理的评价，评价主要从协调性和人性化两个指标入手，综合考察建筑小品设计是否能满足人、环境和社会的需求。为更好地发挥园林建筑小品的作用，景观规划设计师在设计中应本着以人为本的原则，能动地协调人与环境的关系，以维护人的健康与社会的可持续发展。

第四节　风景园林建筑小品
与环境的协调性研究

一、建筑与环境的协调性

（一）协调性的定义

建筑与环境的协调性并非实体性存在，协调性是指人的审美属性与建筑的审美属性在建筑师进行园林设计活动时相互契合而产生的价值观念。建筑对于人的重要意义不仅在于它满足了生命体的基本需求，还在于它为人的社会交往和情感活动服务，并因此使其具备了更高层次的审美属性与审美意义。

（二）协调性的内容

建筑与环境协调的根本目的是更好地满足人的生理与精神需求。人的各种生存活动、生命情感等都需要协调性辅助进行，建筑的审美特性也在于此。人的生命存在是自然性存在、社会性存在和精神性存在三者的统一，以自然性存在为基本前提。总的来说，建筑的协调性可分为自然协调性、人文协调性、生态协调性、风格协调性、空间协调性等几个层面。

1.自然协调性

当前社会对建筑和环境提出了更高的要求，尤其在协调性方面，合理地运用温度、湿度、阳光、地域、空气等具体环境因素就显得格外重要。现代设计要树立生态观念并结合实际情况，处理好建筑与环境的关系。顺应自然规律所进行的节能设计、绿色建筑、仿生建筑均属于此范畴。

黑格尔曾强调，要使建筑结构适应这种环境，要注意到气候与四周的自然风光，再结合目的来考虑这一切因素，创造出一个自由的整体。该论断提及建筑的自然协调性。自然协调性包括建筑物对自然中地理、气候等多方面因素的协调与适应。当前社会常提及的"生态建筑""山地建筑"等概念，就是彰显了人们对建筑自然协调性的认可。悉尼歌剧院设计的成功之处在于其很好地表现了滨海环境的自然协调性。位于美国匹兹堡市郊熊溪河畔的流水别墅是现代建筑的杰出代表作，其设计巧妙之处在于内外空间交融一体，与自然环境紧密结合。

在地理环境中展现建筑的自然协调性也是建筑风格特色的一个重要标志。气候等地理差异是形成地方建筑风格与地域特色的重要因素。例如，我国岭南地区地处亚热带与热带过渡区，气候炎热且湿润，为适应这一气候特征，岭南多数庭院采用连续相通的敞廊设置手法，此举极好地解决了通风问题。山城重庆所采用的山地建筑模式很好地适应了当地的环境。云南丽江古城的建设选址充分考虑了地形要素，其地理位置东南方通畅开阔，西靠狮子山的坪坝地段，北依象山，与环境达到"天人合一"的境界。又如，岭南地区房屋建筑的砖雕，这种建筑小品在粤中地区得到广泛应用，却在沿海地区极为罕见，只因沿海地区带腐蚀性的海风易毁坏砖质建筑。为适应这种恶劣的环境，沿海建筑常用嵌瓷来抵抗海风侵蚀，这从侧面体现了建筑的自然协调性。

建筑物既是环境的组成部分，又是对环境的改造与利用。协调性应满足的第一层面即是满足建筑物对地理因素的适应性，并在保障建筑物基本功能需求的前提下，增加环境的观赏价值和审美价值。

2.人文协调性

雨果曾在著作《巴黎圣母院》中写道，"建筑是石头的史书"，这句名言直观地体现了建筑的文化特性，传达出当前时代的建筑理念以及社会生活的协调性。建筑的这种人文协调性如同自然协调性一样，是构成建筑审美特质的重要因素。人文，古指诗书礼乐，《周易·贲卦·象传》提及，"文明以止，人文也。观乎天文，以察时变；观乎人文，以化成天下"。人文涵盖精神文明与物质文明两方面。人文要素是构成建筑景观的重要部分，起着不可替代的作用。对建筑的基本要求是必须以自然协调性为基础，然而建筑的演变与发展（包含建筑类型与风格）总伴随着人们生产和生活方式的变化，人们的这些活动又离不开人文环境。

建筑的人文协调性即指建筑与周围环境相互交融，共同形成不可分割的人文环境。构建人文环境或达成人文协调性须满足三方面的要求。

（1）功能要求

任一环境建筑都有被建设的目的，即其满足一定的实用需求。建筑景观的最基本要求之一是能够满足不同人日常各项活动所需要的特定空间。整体环境空间组织会随实用功能的要求来改变，以满足人的衣、食、住、行需求。例如，道路的宽度，台阶的高度和阶数，建筑物的间隔和布局等，应根据人流量来进行规划。因此，建筑与环境各要素的组成及结合应以满足人的需求为基础，服从于人的生活尺度，并以此尺度为建筑空间的基本设计准则。建筑小品的设置亦是如此，它必须以"服务于人，满足于人"为宗旨，为人的生理和心理活动提供相应的空间、环境和条件，这样才能更好地与环境协调。

（2）精神内涵要求

建筑景观包括自然与人文两类。自然建筑景观是由自然原有的物质相互结合配合所产生的景观，这类景观基本不受人类精神需求的影响。而人文建筑景观则是人们为满足精神文化需求，以自然建筑景观为基础，融入各项物质精神活动后所形成的独具审美特色的景观。设计师常通过人文建筑景观来传达地域文化、宗教历史、风俗民情等，以此体现文化带给人们的启示和影响。任一建筑物的建筑风格和规模都只是其外在的表现形式，而建筑本身所暗含的精神内涵则是建筑的灵魂，是真正展现建筑风貌，实现人、建筑与环境三者协调统一的关键点。

（3）社会文化要求

建筑尤其是园林建筑都是一个具有社会文化属性的客观实体，其利用自身所蕴含的信息来传达社会文化特征，并成为社会文化的物化表现。文化具有区域性、民族性和时代性等特征。社会文化内涵丰富，包含道德、法律、艺术、习俗、信仰等，它是一门多元素、多层面、内容丰富但复杂的科学。社会文化结构的不同会影响人们对建筑景观的选择，不同文化层次的人对建筑景观的欣赏水平和要求各不相同。文化层次较低的人，不能理解建筑的内涵，往往更注重建筑的表面特征，如建筑在视觉上的美观程度。而文化层次较高的人更容易把握住建筑构思的巧妙之处和精神内涵，并结合建筑的外观与内在品质综合评价建筑是否满足协调美的要求。因此，对于建筑的设计应全面考虑到不同地域社会文化的差异，以及不同文化层次人群的共同审美要求，力求实现"雅俗共赏"的建筑境界。

3.生态协调性

生态学的现代发展开始于20世纪50年代，之后生态学不断融合其他学科的研究成果，并逐渐总结出独特的理论体系。建筑学与生态学原为独立发展的两门学科，生态学的研究主要集中于生物群落、生物链等，缺乏对生态系统尺度等问题的研究。现代建筑学与生态学在发展过程中相互弥补，相辅相成，逐渐形成今日的建筑生态学。建筑生态学中的生态协调性表现为生态平衡，即生态系统把生物（包含人类）与环境紧密结合在一起，在特定规律的相互联系和作用下，实现自然界的平衡，即在结构和功能方面实现协调。生态协调的两个关键特点是整体性和关联性，二者缺一将会导致环境系统失调。

当前建筑界对生态平衡的研究已不再停留于理论层面，越来越多的设计师已将生态主义作为建筑设计的主要理念。在建筑过程中物质循环利用、场地自我维持、可持续处理等生态学观念贯穿于整个规划、建造和维护过程中，部分建筑师对生态平衡的追求甚至高于对建筑物造型和功能的追求。

生态协调性对建筑与环境提出了生态优先和交互适应的要求，这种生态思维要求将二者放在一个整体中去考虑，努力使系统的整体效果达到最佳。因此，在建筑设计时应考虑能源与材料、功能与形式、自然与社会环境等因素，并考虑这些因素的反作用，即将建筑当作一个动态系统，其内部诸因素不断互动，并与外部要素相互联系。

生态学原理确保了生态系统具有一定的恢复能力及自我调节能力，但这种能力是十分有限的。若没有把握好调节限度，生态系统不仅不能保持平衡，还会因此被破坏。建筑活动是生态系统中连续的物质能量流动的一个环节，只要其不超过一定的度量，一般不会对自然造成负面影响。相反，度量把握准确可以促进建筑与环境的协调平衡。交互适应性要求建筑调整自身的构成要素以适应客观环境，从而达到客观环境与内部关系的相互适应，让建筑具备随环境变化而应变的能力，从而实现可持续发展。

4.风格协调性

园林建筑各具特色，其与自然环境的协调性不仅要满足自然、人文和生态三个层面的要求，更应使建筑的造型、风格、布局、规格和色彩相互协调，顺应自然，从而将人工的东西融入自然，浑然一体。

5.空间协调性

在考虑如何有效利用景观空间的同时，还应谨防过度分割空间，导致整体空间碎片化，致使建筑与景观不协调。因此，必须分析建筑与景观的空间协调性。建筑与景观的空间组合包括空间结构、空间形态、空间序列三方面，其中空间形态集中体现了建筑与外部环境的关联性。空间协调性讲究主次分明，清晰的空间形态，要求建筑与景观空间主次分明、重点突出，各部分关系明确，边界范围一目了然，空间段落序列分明。可采用数学与几何学原理来处理建筑的几何形态，使建筑与景观空间更为和谐，从而体现二者的整体性及内在的逻辑性。

例如，在中国传统造园艺术中，湖石与景观空间中的其他要素，如建筑、树木、花草等，构成了总体的和谐平衡，形成形态上与色彩上的对比性点缀。并且湖石的形态在环境空间中构成了视觉上的焦点，它既具有竖向空间的过渡与分割作用，又是自然山水意象的浓缩表现，还象征着一种精神与品格，很好地体现了建筑与景观的空间协调性。

（三）协调性的表现形态

协调性是人对建筑审美要求与建筑的审美属性在建筑审美过程中所产生的价值，也可以理解为建筑协调性是人对建筑进行审美设计活动时向人生成的。其生成离不开审美主体（即设计者与观赏者），也离不开客体（即建筑）。协调性作为一种价值，它不像可触可用、可观可赏的具体建筑那样具有实体，但其形成是通过特定元素的融合搭配，如色彩、风格、意境、文化内涵等，这些元素可让人产生心灵感触，从而带给人审美享受，因此协调性存在具体的表现形态。

1.意境美

建筑协调性的本质是满足人的生理需求和精神需求，以带给主体生命美的感悟与体验。观赏者在观赏园林建筑时，必须经过一个情感与时空序列不断改变的过程。这个过程的起点是建筑造型给观赏者带来的直接视觉冲击与享受，紧接着便是一定的情感愉悦。整个审美过程的重点在于观赏者对建筑的布局、造型搭配等外在特征所传达出的精神内涵与价值取向的思考与认同，即对建筑意境的审美感悟。

从古至今，大量文献记载了有关建筑意境的审美特性，明确了意境美的重要地位与作用。著名建筑学家梁思成在《平郊建筑杂录》中将建筑的意境美表述为"建筑意"，其类似于诗意与画意，都可以带给人精神的愉悦感。但不同点在于，"建筑意"是通过建筑空间的合理布局、不同色彩以及纹理搭配等细节的处理来传达的。此外，建筑的文化内涵也与其意境的丰富和美化密不可分。

例如，初唐诗人王勃在《滕王阁序》中写道"落霞与孤鹜齐飞，秋水共长天一色"，其展现的是秋日赣江独特的意境美；苏州园林的建筑布局叠山理水、虚实结合，人处院中，步移景异，仿佛置于空灵之境，顿悟宇宙人生之真谛。

2.环境美

建筑环境从广义上可分为外部环境与内部环境。建筑外部环境主要表现在建筑的自然适应性上，即建筑与其所处位置的地理要素的协调；建筑的内部环境主要表现在建筑的社会适应性及人文适应性上，即建筑要与当地的文化背景、审美情趣、设计制度等相协调。环境美即建筑的内部环境美与外部环境美的统一，这就相应地产生了内部环境要求与外部环境要求。外部环境要求主要是指建筑要结合所处位置的特点，结合山水、地形等要素，使建筑与周围环境融为一体，取得和谐统一的设计效果；内部环境要求主要是指环境所展现的人文情怀及文化底蕴。其具体表现在以下两方面。

（1）"天人合一，道法自然"的环境理念

这体现在建筑应追求模拟自然的淡雅、质朴之美，与山水环境完美契合，别具匠心，宛如天成，给人一种质朴、自然之感。

（2）"巧于因借，因地制宜"的环境意向

园林建筑应以崇尚与追求自然为最高追求，因此要以因地制宜为根本设计原则，灵活处理建筑的规格尺度，努力达到"妙于得体合宜，未可拘率"的境界。此外，还应注重"巧于因借"，借景不仅是一种设计技巧，更是一种审美选择，此种环境意向更易于展现建筑的天然之美。

二、园林建筑小品与环境的协调性设计

（一）设计要素

园林建筑小品类似于其他的建筑设计，都具有共性的设计要素。设计者必须把握这些基本要素，将抽象的理论知识转化为可操作、触手可及的设计形式。

1.造型要素

北京林业大学的秦岩在学位论文《中国园林建筑设计传统理法与继承研究》中提到，在中国古典园林里，园林建筑的布局与选型坚持"巧于因借，精在体宜"的原则，从而创作出"精而得体"的建筑形象。中国古典园林建筑之所以与园林风格相得益彰，很大程度上取决于它千姿百态、赏心悦目的造型设计，以及它因具体环境而定的尺度把握技巧。因此，园林建筑小品的设计必须注重对形态尺寸的运用，即进行设计时不仅要从美观与实用的角度进行分析，更应该根据建筑小品的体量、形态特征进行设计。也就是说，通过协调各元素之间的尺寸，精确地表达建筑与环境空间的水平关系。

2.材质要素

材质给人的感官印象通常被认为是质感，即材质经过视觉效果处理后，给人带来的心理感受。质感可分为天然质感和人工质感，正确把握每种材料的特性，合理使用，赋予每种材料以生命，是协调性设计的一项重要内容。

（1）材料的特质与空间特质相吻合

在园林建筑小品设计中，材料特质一定要满足周围环境的需求。例如，森林公园中选用竹质材料制作园林服务小品，其特质与周围竹林相协调。

（2）充分发挥材料的固有美

和谐自然的设计往往具有材质美，可通过其表面物性将材料本身固有的美表现出来。例如，湘潭菊花塘公园中的花岗岩石雕牌坊，其材料具备的质感和肌理与周围的树丛交相辉映。

（3）注意材质不同带来的视觉差异

材料的面积、间距，带给人的距离感、动感、体感和量感等视觉效果各不相同。

（4）不同质感材料的协调配合

园林建筑小品自身材料的质感肌理与纹路值得深入研究，运用得当可以充分展现景观与自然的协调美。同样，当不同种类的建筑小品或同种类建筑小品选用不同质感的材料相配合时，通过合理搭配，可以强化不同质感材料的对比，强化视觉效果，增强环境的协调性。

3.色彩要素

色彩及情感丰富图案的运用是美化空间环境的重要手段，它们可以改善空间、表达特定思想主题并烘托氛围，具有较强的表现力。高履泰在研究论文《建筑色彩文化》中提出，在确定某一物体的色彩时，它周边环境的色调对该物体有着不可忽略的作用，对色彩的设计实际上是对环境中所有物体的综合考虑，是对色彩存在关系的确定。因此，必须注重色彩要素的合理运用。对于色彩明度、色相和纯度的合理搭配和应用，可以改变空间效果；通过制造色差可以改善空间比例，使整个环境空间更为协调；使用恰当的图案可以让空间独具动感或静感，并营造某种氛围，产生情趣。

（1）不同色彩表现的感情各异

色彩属于造型构成要素的一部分，不同的色彩调配会让人有不同的感觉。园林建筑小品的人性化设计必须依据不同性别和年龄的人对色彩需求的差异性来选择园林主题风格。

（2）色彩的冷暖度

色彩的冷暖变化是色彩的固有属性，也是色彩情感表达的方式之一。冷色具有空远之感，暖色具有膨胀力。

4.光影要素

园林建筑小品的设计须考虑白天或黑夜的光影作用。例如，夜晚通常充满绚丽的色彩，白天则弥漫着一股慵懒的气息，合理考虑光影效果，在光线下，尘埃浮动的角落，会给人以独特的感觉。

5.经济要素

园林建筑小品与环境的协调性不仅表现为风格、质感、主题相一致，还表现在建筑的经济性上。设计师在遵循以人为本的前提下，必须充分考虑建筑小品本身在材料选取与工艺上的经济合理性，力求产生良好的经济效益。

（二）设计特征及手法

1.设计特征

园林建筑小品满足协调性的设计特征主要有功能特征、环境特征、审美特征和时代特征。

（1）功能特征

必须明确园林建筑小品的基础功能，即物质功能、精神功能以及在空间中组景和成景的功能。物质功能主要指建筑小品应尽量为人提供更好的服务；精神功能指建筑小品在满足基本物质功能的前提下，应尽量满足人的心理、精神需求，陶冶人的情操，并尽量展现独特的文化气息和风格魅力；组景和成景功能要求设计者必须把握好园林建筑小品设计这一重点。

（2）环境特征

不管园林建筑小品所处的位置是在室内还是室外，人所观察到的是建筑小品与环境组成的有机整体，而并非单独的一件小品。设计时一定要协调好各要素与环境之间的关系，避免建筑小品的色彩、风格等要素与环境不合。建筑小品独具魅力，姿态万千，但其作为园林环境的一部分，不能因使用过度夸张的表现手法而使主从关系紊乱，喧宾夺主。

（3）审美特征

对于园林建筑小品的审美有严格要求，一件建筑小品可以通过其造型、材质、机理、色调展示其外在特征，但仅有外形美而缺乏内涵的建筑小品并非一件优秀作品。杰出的作品除在规格尺寸、造型风格上与环境相协调，其所反映的精神文化面貌必定与环境交相辉映。

（4）时代特征

体现时代特征是当代建筑小品的重要特色。无论应用于哪种场所的建筑小品，都不能过分拘泥于历史。最好的设计是可以在保留经典传统文化的同时展现现代人的生活方式和精神面貌，成为这个时代的人文景观。

2.设计手法

（1）利用地形，因势利导

在设计建筑小品时，最好的设计手法就是利用地形的特点，合理安排布局，尽量做到因势利导，依据环境空间的特点进行设计，将建筑与环境融为一体，达到"天然之趣"的效果。

（2）顺其自然，合其体宜

阎淑龙在《园林建筑小品的应用与设计初探》一文中提出比例与尺度是产生协调的重要因素，"凡是美的都是和谐的和比例合度的"。建筑小品的选址、布局及尺度选择要协调得体，并且顺应地区原有风貌，不随意改变与破坏。影响建筑外观风貌协调性的两个重要因素是比例与尺度，园林欲取得良好的整体效果，须同时具备精巧的比例和合理的构图。古典园林中造型别致小巧的亭廊、规格适宜的假山、蜿蜒曲折的九曲小桥，都能达到"以小见大"的效果。例如，颐和园中宽敞的游廊、长长的十七孔桥，镶嵌在美丽的昆明湖面上，组成一体景观，彰显了贵族园林的恢宏气度。园林建筑小品的设计应随空间大小、近景远景、地势高低等空间条件的变化而变化。

（3）师法自然，动态仿生

阎淑龙提出，"虽由人作，宛自天开"是我国自然山水式园林的基本原则。我国园林追求自然，一切造园要素都尽量保持其原始特色。"师法自然"与"天人合一"是我国古代园林建筑协调人、建筑和环境关系所采用的经典手法。采用此手法所设计的建筑小品，在满足协调性的同时，会呈现出"虽由人作，宛自天开"的独特风貌。古代"师法自然"的手法现代称为"动态仿生"。自古以来我国园林建筑都追求自然、原生态，所有造园要素（包括园林建筑小品）须体现自然最本真的美。

园林建筑小品常被作为园林的点睛之笔,其在园林环境中要做到回归自然,得景随形,丰富园林空间。采用"仿生"设计可以有效地拉近建筑与环境的距离,使二者的联系更为紧密。应运而生的园林仿生建筑小品对于保证建筑的协调性极为重要,它是以生物界某些生物体的外形、特点、颜色和特殊功能为模仿对象,营造出别具一格、充满趣味性的园林环境。自然环境中的万物充满灵性,模仿自然,可从自然中找寻设计灵感。

园林仿生作品以自然界的元素为原型,不仅具有天然动感的外观和实用的功能,还可以促使人们贴近自然,在人与环境之间搭起沟通的桥梁,让观赏者感受到轻松、愉悦,从而满足人们在物质文化和精神方面的需求。设计师可将"仿生"思路融入园林建筑小品设计中,在创造出外形别致、构造精巧、功能完备、用材合理、美观大方的作品的同时,把具有生命的元素注入其中,让建筑景观回归自然,实现人与自然和谐共生。

(4)取其特色,巧于立意

"意在笔先"是书法绘画艺术的创作方法,同样也适用于园林建筑小品的创作,园林建筑小品不仅要带给人视觉上的享受、使用上的便捷,还要追求精神、文化上的深度。园林建筑小品的设计不仅要追求形式上的精美,造型上的丰富,更主要的是要有一定的意境和情趣。对于园林建筑小品的设计也要先进行立意,然后通过其主题来充分反映小品的特色。要想把建筑小品巧妙地融入园林自然环境中,就要给它注入灵魂,让它具备一定的情趣和意境,尽力达到情景交融的效果。

优秀的园林建筑小品每一处都是为其所处的自然景观"量身定做"的,因此其造型及风格应与园林环境相协调,符合园林的主题,并能展现当地的文化特色和人文特色。园林建筑小品的设计也要充分展示其自身特色,把它巧妙地融入园林的造型之中,形成整体效果。

（三）设计原则

要想保持园林建筑小品与环境的协调性，需同时满足自然、人文、生态、造型设计四方面的要求。简单来说，基本设计原则如下。

1.地方性设计原则

地方性设计原则要求在设计建筑小品时应尽量根植于创作地，每一次创作都要考虑"建筑小品应建在什么地方，自然环境允许怎样设计，自然环境能为建筑小品活动提供什么"等问题。北方地区气候寒冷，建筑一般封闭厚重，且色彩浓艳，以保暖为首要目的；南方地区则湿润炎热，建筑小品一般轻盈通透，且色彩淡雅。一些美不胜收的建筑如江西的"最美乡村"——婺源，它与自然环境相协调，但它并非设计师特意创造的，而是当地居民在长期的生活中，不断地与自然磨合，逐渐完成这个创造性设计。

（1）传承当地的传统文化习俗

每个地方都有独特的乡土文化和民俗民情，建筑小品设计应保留这些文化底蕴，如当地居民长时间积累的经验和习俗等。居民的衣、食、住、行和精神文化活动都离不开其所处的自然环境，他们也需要食物、水、能源、医药以及精神寄托等，在他们的生活空间，自然界的一草一木都被赋予了意义，具有特殊的文化内涵。当地居民不断认识和理解环境的过程，也是建筑经验不断积累的过程。这启示设计师要设计出能适应当地环境的生态建筑，要考虑到当地居民留下的传统文化习俗。例如，云南红河美丽的哈尼梯田就是一种基于当地人文化习俗的生态设计。

（2）适应当地的自然发展过程

随着时代的发展和人们思维模式的不断变化，现代人对建筑的需求可能不同于生活在当地的古人。因此，设计建筑小品时要尊重当地居民的文化习俗和生活经验，但这并不意味着一味地模仿、照搬，拘泥于传统的建筑小品形式。新的生态设计形式应以地方的自然发展过程为依据，包括地形、气候、地质条件等要素，设计的过程即是将这些自然要素合理组合并加以利用的过程。

（3）选取当地材料

尽量采用本地的植物与建材，有助于建筑小品融入当地的环境。选取当地植物作为建筑小品的装饰，不仅因其可以更好地适应当地的生长环境，还因为这类植物可有效降低维护与管理费用。选取当地的建材不仅有助于协调建筑小品与当地原有建筑的风格，还有利于实现可持续发展的目标。

2.整体性设计原则

设计园林建筑小品必须从整体的角度出发，这样才可能达到理想的效果。整体性一般包括以下方面。

（1）建筑小品内涵的整体性

建筑的设计必须兼顾文化、经济、生态、人的精神活动等多方面，不能有所偏颇。从经济层面来说，必须对整个过程的成本收益进行分析，要尽量使建筑小品景观的经济价值最大化。从社会层面来说，建筑小品须以人为核心，设置建筑小品景观时必须融入人性化设计。从文化层面来说，建筑小品设计必须考虑建筑小品的象征意义，缺乏内涵的建筑小品是缺乏生命力的。设计师在设计园林建筑小品的过程中，要综合运用多学科（如地理学、经济学、社会学等）的理论，实现多学科的协调配合，这样才能保证建筑小品规划设计的效果。

（2）建筑小品要素的整体性

整个园林环境由诸多建筑小品构成，而每个建筑小品又由诸多建筑要素构成。从系统论的角度来分析，整个园林景观是一个复杂的建筑系统，其下有无数个子系统，子系统下又有众多子系统。每一个子系统在整体系统中都是不可或缺的，所有子系统共同作用所产生的整体效果，往往要好于子系统单纯叠加所产生的效果。因此，在园林建筑小品设计中，不能一味地突出某个要素，忽略建筑小品景观的整体性。

3.风格性设计原则

园林建筑小品除要具备基本的物质功能外，其景观意境也具有重要的价值，因此园林建筑小品设计不能仅局限于建筑小品本身，而应通过建筑小品的内涵，让人回味无穷，引导观赏者欣赏建筑小品创造的独特艺术境界。合理设计建筑小品的造型与风格,可以丰富建筑小品的内涵,协调建筑与环境的关系。

（1）追求建筑小品立意的和谐

建筑小品立意的好坏直接关乎整个设计的成败。既有别致的外观又具备深刻文化内涵的作品才算是一件优秀的作品。中国古典园林建筑追求"三境",即物境、情景和意境。物境指建筑所营造的视觉形态；情景通常理解为触景生情,寓情于景,即建筑景观引发的心灵感受；意境则是将人观赏园林的行为活动延伸到心理和精神方面的活动,引导人们积极向上,达到物我两忘的境界。新颖、和谐的建筑立意,能使建筑环境达到"景到随机,得意随性"的境界。

（2）追求建筑小品体量的适宜

景观建筑小品尤其是园林建筑小品,在作为环境的陪衬时必须仔细考虑其尺度和比例,不可失去分寸,产生喧宾夺主的不良效果。恰当的尺度应与审美要求和功能要求相一致,并与环境相协调。

首先,结合建筑小品的应用场所来把握尺度,如栏杆的高度、座椅的宽度等,都应随场所的不同而改变。在儿童主题公园,这些实用性建筑小品的体量需相应减小。其次,考虑建筑所营造的氛围。园林是人们观赏、娱乐、休息和放松的场所,其环境空间中的各项组成部分一般应富有情趣,主题轻松活泼,因此其尺度必须亲切宜人。通常会通过缩小构件的尺寸来获得理想的亲切尺度。注意建筑小品的大小应与园林空间的大小相适应,如在大型园林或开阔地应选择照明度高的园灯,且园灯的外形应大气,力求达到"明灯高照"的效果；在园林的小角落则应选取小巧精致的园灯。建筑之外的空间大小也要处理得当,太空旷或太闭塞都不得体。

（四）布局设计

园林建筑小品必须要有良好的布局。布局是景观建筑小品设计的核心问题,没有良好的布局,建筑会显得杂乱无章,不能称为一件佳作。无论是整体规划还是对局部建筑小品的处理,都会涉及布局。

1.总体布局统一，构图分区组景

对于规模较大的景观，可从整体上将其划分为若干个独具特色的小型景观，且主次要分明，要有节奏感、韵律感，从而实现和谐统一。

2.满足实用功能的需求

建筑小品的布局要满足其功能要求，包括用地、交通及景观等方面的要求。例如，展览馆、文化长廊等人流较集中的建筑，其布局应靠近园林干道，方便游客出入，且宜布置集散广场；园林内的餐厅、卫生间等实用性建筑小品须布置在交通便利、易于发现的位置，但又不能占据园林景观的主要位置；园林管理类建筑小品由于不被游人直接使用，因此常布置在僻静处，并设置单独出入口，并考虑管理方便；亭台楼阁等建筑小品适应布置在环境优美、能控制和装饰风景的地方。

3.实用性与观赏性的协调统一

对于明显偏向于游玩观赏的建筑小品，应优先考虑其观赏性需求，如园林中的亭台楼阁；对于有功能要求的园务管理类建筑，应更注重其实用性；对于同时要具备观赏性和实用性的建筑小品，应在满足建筑使用功能的前提下，尽量营造出优美的观赏环境。

4.注重空间渗透与序列

园林景观布局应尽量有更多的空间变化，使之不致因一览无余而显得单调。故常利用门窗、景墙、游廊等建筑小品作为"景框"来联系相邻空间，使空间相互渗透，增添层次感。建筑小品的空间序列排布可分为规则对称和不规则对称两种形式，前者通常用于庄严肃穆的建筑小品组群，而后者常用于轻快欢快的建筑小品组群。对称与不对称、规则与自由是两对截然相反的布局形式，然而在实际建筑设计过程中，往往要考虑建筑小品功能与艺术意境的多样性，从而将这两种布局形式混合起来使用，如在建筑小品景观的整体风格上采用规则对称布置，而在某个建筑小品具体的细节设计上采取不对称的布置。

5.重视建筑小品的色彩与质感

在建筑小品设计中，如果色彩与质感处理得当，将会使建筑景观具备强有力的艺术渲染力。这种艺术渲染力由建筑艺术意境中的色、形、声、香四项重要因素组成。其中，建筑小品风格的主要特征表现在形与色上。例如，我国北方园林建筑小品造型浑厚，色泽华丽；而南方则色彩淡雅，体态轻盈。

　　建筑小品色彩有浓淡、冷暖的区别，不同色彩的象征作用可以给人带来不同的心灵感受。园林建筑的质感则表现在建筑外形的纹理和质地两方面。纹理有曲直、宽窄、深浅之分；质地则有刚柔、粗细、显隐之分。色彩和质感是选择建筑材料的重要依据，掌握不同材料在色彩和质感方面的不同特点并加以运用，实现韵律、节奏、层次等方面的构图变化，有助于获得良好的艺术效果。

第六章　现代风景园林
规划设计应用

第一节　视觉艺术在现代
园林景观规划设计中的应用

一、园林景观设计的视觉艺术

在进行景观设计时，基本上所有的景物图像都是通过视觉元素反馈给人们的，这样人们就可以更加清楚地感知景观的具体呈现方式。同时，视觉元素给人留下的第一印象决定了人们对园林景观的满意程度。因此，在设计园林景观的过程中，必须高度重视视觉艺术，提高其艺术价值，以便有效地引起观赏者的心理共鸣，使人们心情愉悦。在设计园林景观的过程中，要想保证园林景观设计的观赏性，合理利用视觉艺术是行之有效的方法，不同风格的园林景观带来的视觉效果也是不同的，合理地运用视觉艺术，可以有效保证园林景观的设计质量。

二、视觉艺术在园林景观设计中的作用

（一）巧妙运用"点"，使画中有诗

每一个园林景观的设计都是不同的，一般情况下，苍劲挺拔的松柏、婀娜多姿的杨柳等植物是园林景观中必备的元素，对它们的位置进行合理规划与设计，可以带给人更好的视觉体验。

但在一些景观的设计过程中，如果只是设计单一的植物，会显得枯燥乏味，因此设计者可自主添加点缀物。例如，在一片杨柳丛中，建造一个古色古香的小亭子，便会使景物充满诗情画意。在流水潺潺的小溪边设计一个竹筒水车，水里面各种各样的鱼游来游去，水面上天鹅、鸭子玩耍嬉戏，整个园林景观就会呈现出一派生机勃勃的景象。

（二）多角度增"面"，使园林生趣

景观设计涵盖的范围较广，不仅包括自然形成的小溪流，还包括人类建造的小桥、假山。但景观设计并不是只包括有山有水的环境，还包括各种各样的花草、树木，同时也需要一些建筑小品为园林景观增添魅力。所以，在进行园林景观设计时，要使园林中有一定数量的自然植物，使园林景观看起来带有大自然的气息。

三、园林景观设计中视觉艺术的具体应用

（一）园林景观设计中关于点的应用

在视觉艺术设计中，点是最基本的要素，可通过它构成线、面以及图形等。就点而言，在园林景观设计中主要关注的是其与周边环境的相对位置，而不是

其大小。人们在实际空间中看到一个点，往往会不由自主地关注它；如果两个大小不一的点同时出现在一个空间中，人往往是先看到大点，再看到小点，进而产生从大至小、从近至远的视觉效果；点大小相同且处于同一空间时，会在视觉上形成线；而三个点同处一个空间时，就会形成面的视觉效果。园林景观设计要素中，有植被、灯光等，它们都有着一定位置且体型较小，可将其视为点。点可划分为功能性的点和装饰性的点两种类型，功能性的点可体现为实际景观，装饰性的点则可以进行有效的视觉补充。

（二）园林景观设计中关于线的应用

线是视觉艺术三大要素之一，在园林景观实际设计中要善于利用人工线以及自然线，其中人工线包括弧线以及二次曲线等，自然线包括道路、墙角等形成的线。可利用自然中本就存在的线条，稍加修饰使其变成所需的特殊人工线条。除自然中原本就有的线条外，设计中将不同点有序组合、连接所形成的线也称为自然线条。通常单一的人工线条仅有单一的功能，而自然线条则具有多种功能，并且形式更加多元化。运用自然线条进行有序排列组合将使得园林景观设计更加富有活力和美感。

（三）园林景观设计中关于面的应用

面是由点和线构成的。就线构成的面而言，当线首尾连接在一起时构成视觉面。对于面而言，首尾相连的线内填充物是实在物体的称为实面，反之则称为虚面。实际园林景观设计中，诸如草地及道路等为实面，而池塘及河流等为虚面。在园林景观设计中，面的视觉效果既可以是平面，也可以是三维立体图形。对面的应用可采取水平放置、垂直放置及倾斜放置等形式。针对面，可通过相离、相切等方式展开设计，所得效果各不相同，需要充分发挥设计人员的创造性，在更深层次上挖掘面的多元化搭配。一般来说，视觉面元素划分有几何面以及自然面，设计者可运用相似面进行搭配，还可通过变换色彩等方式，结合不同材料及施工手段完成园林景观构建。

（四）园林景观设计中关于形体的应用

视觉艺术形体的应用，将使得园林景观设计更立体丰富，因此需要加强形体应用研究。所谓形体即形的三维运动，它是不同面朝不同方向，且在边沿处相互衔接。借助形体空间变化的延伸作用，可使人的视觉由水平向高处延伸，进而变换空间视觉，冲击人的视觉感官。另外，光照的出现，使得形体在不同的光照下发生忽明忽暗的变化，会刺激人们的视觉，形成丰富多彩的视觉效果。将形体应用于园林景观设计中，主要体现在诸如假山、凉亭以及浮雕等的设计上，配备面的设计元素，丰富园林元素效果，避免单独的面造成的单调效果。将形体与平面进行搭配，可进一步提升园林景观设计效果，给人舒适的感觉。

（五）园林景观设计中关于色彩的应用

视觉艺术中色彩是人们最为熟悉的一种视觉元素，在园林景观设计中融入色彩，可给人带来多彩的视觉盛宴。不同的颜色可以给人带来不同的视觉感受，如一些浅色可以给人温暖的感觉，而深色就会给人一种压抑的感觉。

（六）园林景观设计中关于质感的应用

人们通过肢体接触或是视觉感官可以有效地判断物体的材料，也就是质感。质感有粗糙和光滑、生硬和柔软等，还有纯天然和手工制作之分。在园林设计过程中，不同元素间质感的结合或对比可以创造出不一样的视觉效果。不同的材料具有不一样的质感，比如在建筑中，绘画、雕塑不同质感的完美结合可以给人眼前一亮的感觉。

（七）园林景观设计中关于空间的应用

在景观设计中，空间艺术包含了二维、三维以及多维空间，在对视觉空间进行设计时，要科学合理地运用不同的空间艺术，并将其有效地结合起来，以此来促进整体空间的协调统一，给人带来全新的视觉感受。例如，为了营造出一种高低错落、虚实相合的视觉效果，可以在园林景观中设计一个带有瀑布的假山，然后在旁边设计一个通向别处的走廊，这样的设计可以使园林景观具有休闲功能。

第二节　VR 技术在现代
园林景观设计中的应用

一、VR 技术的基本知识

（一）VR 技术的定义

虚拟现实（Virtual Reality, VR）技术是在计算机技术不断发展的过程中而衍生的一种高新技术，一般情况下，也可以将其称为"灵境技术"。VR 这一概念是在 20 世纪 80 年代初提出的，它具体指的是通过计算机和最新的传感技术创建的人机交互的新方式。VR 技术主要是借助电脑生成三维虚拟空间，实现听觉、视觉及触觉等多方面的感官模拟，以此来产生一种身临其境之感。

VR 技术是现今较为先进的一种技术，整合了计算机仿真技术、显示技术、计算机图形技术、人工智能技术、传感技术等多项技术成果。体验者可以在间接状态下感知到计算机技术带来的"虚拟"环境，并从中获得一些具有真实感的体验。VR 技术最明显的特点是交互性和现实性，它可以让人们感受到周围的环境，比如人们看到的与触摸到的东西等。在这个过程中，体验者并不是被动的，而是能动的主动设计和操作这一切的执行者。

（二）VR 技术的特点

VR 技术最大的特点就是用户可以沉浸在这个虚拟环境中。用户可佩戴专门的 VR 眼镜或者头盔等设备，获得一种仿佛置身于现场的感觉。同时，这种感觉没有明确的边界限制，用户甚至可以进行 360°无死角的全景式交互输入，从而获得更好的沉浸式体验。

VR 技术主要有以下几个特点。

1.沉浸性

这是 VR 技术最主要的特征，主要体现在，让用户"成为"这个虚拟环境的一部分，从而消除其可能带来的不适应感。这种沉浸性同时还体现在，系统尽量不让用户受到虚拟环境以外环境的影响，一切以用户的实际体验感为核心。

2.交互性

VR 技术的交互性主要体现在用户和所参与的模拟环境内的事物有互动，用户的操作能对环境本身造成影响。当用户接触到虚拟环境中的人或者物体时，应当能感觉到对方给自己一个相应的信息反馈，这种反馈应该是近乎真实的、全方位的。

3.想象性

在真实环境中，人们可以通过有限的信息摄入进行联想和想象，从而搭建属于自己的新的模拟环境。VR 技术同样可以提供这一需求，而且能在原有的基础上拓宽获取信息的渠道，使用户不仅仅局限于被动地接受信息，还可以利用主观能动性来自主选择想要接收的信息，从而更好地创建新环境。

4.自主性

从某种意义上说，VR 技术是"有思想"的，它会根据虚拟环境提供的信息，形成属于自己的信息，这种特点是可以不依赖于用户而存在的。

5.多感知性

与其他媒体技术相比，VR 技术理论上应具有一切人类能够感知的感官功能。但目前由于技术所限，大部分 VR 技术只包括视觉、听觉、触觉等几种感觉，其他感官功能还有待于进一步发掘。

（三）VR 技术的发展

计算机行业的迅猛发展，使 VR 技术得到了较为迅速的发展，VR 技术作为当今时代较为先进的一项技术，能真正实现数字化人机交互。

我国早在 20 世纪 90 年代就已经开始对 VR 技术进行研究，那个时候因为受到技术以及成本等多方面因素的制约，VR 技术的应用范围较窄，以商用或者是军用为主。在社会发展过程中，计算机软、硬件技术得到了快速发展，VR 技术也得到了进一步的发展与完善，开始逐渐进入大众市场，应用范围也变得越来越广。

VR 技术从某些方面来说为人机交互界面的发展提供了一个全新的研究领域，其基于可计算信息的沉浸式交互环境，以计算机技术为核心，生成一个逼真的视、听、触一体化环境，使用者在这一环境中能获得较为直接的感官感受。VR 技术的存在直接改变了人们利用计算机进行数据处理的方式，特别是在对大量抽象数据进行处理的过程中，应用这一技术能获得更好的效果，企业应用这一技术还能获得较为显著的经济效益。

1.VR 技术的发展现状

VR 技术最开始是由美国人提出的，之后被美国国家航空航天局应用到航天事业之中，以此展开了对成本较低的 VR 系统的研发。从某些方面来说，这对于 VR 技术的硬件发展具有一定的推动作用。虽然 VR 技术现如今已经获得了较为明显的发展和进步，但其依然还处于初级研究阶段。就现如今 VR 技术的研究现状来看，其主要是研究感知、硬件、后台软件以及用户界面这几个方面的内容，而场馆虚拟漫游可以说是研究过程中较为困难的一个方面。

一般情况下，在进行建模及绘制图形的过程中，都会在绘制速度和模型精细度上选择一个较为恰当的平衡点，这样不仅能够有效地保障绘制的质量，还能让用户获得更好的体验。现如今，世界上已经具有较多的 VR 技术开发商，而且也已经开发出了一些使用 VR 技术的平台，这些平台在很大程度上促进了 VR 技术应用效果的提升。但是，就总体开发现状来看，VR 技术还存在较多的问题，特别是 VR 技术受自主知识产权保护等因素的影响，人们对核心技术还不够了解，这就会影响 VR 技术价值的实现。

2.VR 技术的发展趋势

VR 技术是在众多相关技术的基础上发展起来的一种高度集成的技术，是计算机硬件技术、传感技术、机器人技术的结晶。VR 技术在当前社会中具有良好的应用前景，能满足多种工作环境的要求。未来 VR 技术将会朝着以下方向进一步发展。

（1）动态环境建立技术

在实际应用过程中，VR 技术的关键还是创建虚拟环境，而对于这一部分内容，动态环境建立技术则是创建虚拟环境的关键。动态环境建立技术的发展能使人们获得更为真实的环境数据，从而创设出更为真实的虚拟环境模型。

（2）实时三维图像生成与显示

现如今，三维图形生成技术已经进入成熟阶段，其今后的发展方向是如何生成与显示，尤其是如何在不降低图像质量及复杂程度的基础上提高图像显示速度，这可以说是 VR 技术在今后发展过程中的重点研究内容。除此之外，VR 技术本身就依赖传感器和立体显示器，所以在今后研究过程中还需要对三维图像的生成与显示技术进行进一步的研究与开发，这样才能更好地满足系统需求，真正有效地发挥 VR 技术的价值，并将其有效地应用到各个领域中。

（3）加强对新型交互设备的研发

人们在运用 VR 技术的过程中，要想有效地和虚拟世界中的对象进行自由交互，必然要借助主要的输出、输入设备，以及数据手套、三维声音产生器、头盔显示器、三维位置传感器等一系列交互设备。而为了能够进一步促进 VR 技术的发展与进步，人们今后在对 VR 技术进行研究的过程中，必然要加强对这些交互设备的研究，尽量研发出价格低廉、耐用性较强的新型交互设备，从而进一步发挥其对各个领域的促进作用。由此可见，VR 技术今后发展的趋势必然包含加强新型交互设备研发这一点，我国在研究过程中就可以此为切入点来展开研究与分析，促进 VR 技术的发展与进步，从而促进其在各个领域中的应用。

（4）智能语音虚拟建模

智能语音虚拟建模这项工作本身十分复杂，在实际操作过程中需要花费较多的时间和精力，在研究过程中，如果能够将语音识别、智能识别等技术和 VR 技术有效地结合在一起，就能更好地解决这一问题。在发展过程中，可以对模型本身的属性、方法以及特点进行描述，借助语音识别技术来对建模数据进行有效的转化，同时借助计算机的图像处理技术、人工智能技术来对其进行有效的设计与评价，这样就能将模型使用对象表示出来，同时还能按逻辑让各个模型都能够进行静态与动态的有效衔接，进而构建出具有较高价值的系统模型。在建模工作完成之后，还需要对其进行有效的评价，借助有效的评价来进一步发挥其价值，并用人工语言进行再次编辑与确认，由此促进 VR 技术的发展与进步。

（5）积极使用大型分布式网络 VR

以 VR 技术为基础的分布式网络，主要任务就是借助网络将零散的 VR 系统、仿真器有效地衔接在一起，在这一过程中，相关人员要使用统一的标准、数据库、结构以及协议来创建一个在时间、空间等多方面有效联系的虚拟合成系统，而使用者则可以在这一过程中进行自由且有效的交互，从而最大限度地发挥 VR 技术的价值。就目前分布式 VR 技术的交互现状来看，其已经成为国际研究热点之一，所以在今后的发展过程中，积极使用大型分布式网络 VR 可以说是重要的趋势之一。

二、VR 技术与艺术设计

现阶段人们的审美观念在不断提高，对艺术设计也有了更高的期望，在这种情况下，传统的艺术设计就不能满足人们的需求。为了满足人们更高的审美需求，我们在艺术设计过程中要积极创新艺术设计的方法和手段，让艺术设计的成果更加逼真，能够带给人们更好的视觉享受。

VR 技术是能够营造虚拟世界的计算机技术，其可以将真实的三维环境或者事物模拟成数字形象，通过物理回馈和声效回馈等以数字媒介为载体的方式传播给用户，形成实时交互式的三维图形界面。将 VR 技术应用到艺术设计中，可以更好地展现设计师的构想，并且有良好的展示效果和重要意义。

（一）VR 技术在艺术设计中的应用优势

1.具有一定的艺术优势

将 VR 技术应用到艺术设计中具有多种优势，艺术设计在图像处理方面有很高的要求，要求应用固态存储器与动画编辑器 Flash、全景以及 3D 建模等来对图像进行处理，让图像更好地呈现出来，以此提高艺术设计的艺术价值。采用 VR 技术来进行艺术设计，需要对图像进行细致观察，这样有利于设计者更好地了解和掌握艺术项目的结构，同时了解相关资料可以使设计者在艺术设计过程中融入更多自身的艺术想法，表现出艺术作品的特点，而不是花费时间在一些手工绘图上。因此，将 VR 技术应用到艺术设计中具有一定的艺术优势。

2.能够有效提高艺术设计的效率

在以往的艺术设计中，原始设计过程非常复杂，需要设计者花费大量的时间，如果将 VR 技术应用到艺术设计中，就能有效改变这种状况，让复杂的原始设计变得简单，并且可以很好地解决在模拟原型和沙盘设计中设计成本高和设计时间长的问题，充分发挥网络高效率、便捷的优势，大大提高艺术设计的效率和质量。

将 VR 技术应用到艺术设计中，通过万维网来建立基于网络的虚拟展示，人们就可以不受时间和空间的限制来欣赏和体验艺术设计的成果，而设计者在艺术设计过程中只要戴上 VR 头盔就能够在三维空间中以整个虚拟的空间作为画板进行设计。通过头盔的位置追踪功能，设计者可以对艺术设计中的物体进行调整，也可以对整个创作的平面进行移动，这样设计者可以更好捕捉灵感，并将灵感记录下来，以便完成创作。

3.能够给用户带来代入感

将 VR 技术应用到艺术设计中还能给用户带来良好的代入感，结合用户的心理和感官等来营造非常逼真的情景。用户借助一些计算机设备和技术就能直接触摸虚拟的世界，并产生非常真实的感受。VR 技术还能满足用户对艺术设计的多重感知需求。人们对外界的感知非常多元化，包括听觉、视觉、嗅觉和触觉等，传统的艺术设计往往只能带来较好的视觉效果，再逼真的情景也不能带给人们真实的触感。而 VR 技术能带给用户更多的感官体验，用户不仅可以看到非常逼真的情景，还能真正触摸到，可以充分调动各个感官参与体验。VR技术可以让用户从不同的层面来获取信息，从多角度加深人们对艺术设计的理解。VR 技术使艺术设计的展示手段更加丰富，并有效弥补了传统艺术设计的不足。

（二）VR 技术在艺术设计中的创新表现

1.艺术表现更加直观完整

将 VR 技术应用到艺术设计中，能够充分利用计算机和网络来生成虚拟的三维环境，借助相关的计算机虚拟设备和技术就能将人们的感官充分调动起来，在虚拟的情境中进行交互和体验，给人们带来非常真实的感觉。VR 技术的应用，还可以将艺术设计的方案动态地呈现在用户面前，加深用户对艺术设计的理解。VR 技术可以让人们体验到三维立体的空间艺术设计方案，让人们以参与者的身份来体验展示的方案，实现人机交互。

在虚拟的情境中人们可以任意活动，并且人们不仅可以观赏者的身份来观赏艺术设计的成果，还可参与到艺术设计的过程中去，进行实时操纵，更好地了解设计的全貌。计算机的发展让信息的表达方式从以往的简单形象表达转变为图文并茂的多媒体表达，传递的内容变得越来越丰富，展现的内容也更加直观和生动。在艺术设计中充分应用 VR 技术，能将二维的画面变成三维的立体画面，使艺术设计的信息承载量大大提高，展现的成果更加直观、完整和生动。

2.现场沉浸感更强

在现代技术不断发展的大背景下，人们对外部信息处理方式提出了更高的要求，希望在接受信息的同时能够充分调动感受器官，能够从多个角度和多个层面参与到信息的处理过程中。在艺术设计中应用 VR 技术，可以实现人机交互，加强用户和艺术作品之间的互动，实现以人为主导的艺术设计，具备良好的现场沉浸感。

通过计算机创建的三维虚拟艺术设计方案，可以引导用户全身心地投入其中。在这个虚拟的环境中，用户可以看到、听到和触摸到事物，就像在真实的世界中一样。VR 技术能让人们全面地接收艺术设计信息，消除了距离感，也能让人们获得更真实的体验，并通过多种感知方式获得综合体验。设计者在利用 VR 技术进行艺术创作时，也不再是隔着一层屏幕来创作，而是真正地"走"进画面中来进行创作，与作品进行互动和交流，让自己也成为艺术设计作品的一部分。

创作者可以充分利用 VR 技术进入自己想象的空间中进行创作，这样就能从不同的角度和方面来对自己的艺术设计作品进行完善，更直观地感受线条的流动性和颜色的丰富性。总之，将 VR 技术应用到艺术设计中，可以给人们带来更多的灵感，每个人都可以成为创作者。

3.全新的观展方式

用户在艺术设计中充分应用 VR 技术，可以在虚拟环境中对方案中的物体进行操控并且在虚拟环境给出真实的反馈，这种反馈具有实时性。VR 技术可以为人们提供沉浸式交互环境，用户可以结合自己的意愿进入虚拟世界，与虚拟对象进行互动和对话，获得在真实环境中才能获得的体验和感受，而这也是推动艺术设计发展的重要力量。

用户如果需要体验艺术设计方案，就可以利用 VR 技术从不同的角度、以不同的方式来进行人机交互。用户可以直接通过虚拟设备触摸虚拟环境中的虚拟物体，他们的手的确有握着东西的感觉，此时他们也能感受到物体的重量，可以获得良好的触觉。

与其他信息展示的方式和手段相比，VR 技术具有自身的独特性，可以给人们提供丰富的信息，并且具有交互性的特点，它可以让艺术设计变得更加个性化和自由化。在虚拟的环境中，用户可以自己选择角度来进行浏览或参与到虚拟世界中，对艺术设计中的物体进行感受或者体验，并且不会影响艺术设计作品，也不会影响他人。

虚拟的环境打破了现实世界中空间的限制，人们不需要受到现实物质世界的束缚，可以在虚拟的艺术设计环境中自由自在地感受和体验，这也让艺术设计的展示手段更加丰富和自由，非常符合现代人的个性化追求。可以说，VR 技术让艺术空间表达的范围更加广阔，打破了作品和创作者以及作品和参观者之间的时空界限，充分体现了艺术设计的价值。

当人们进入美术馆参观展览时，参观的结果往往不够理想，会受到各种因素的影响，观众不能获得良好的体验，而美术馆也浪费了大量的资源和材料。当一幅艺术作品非常受欢迎时，其面前往往聚集了很多人，此时对于一些参观的人来说就不能获得良好的体验。而将 VR 技术应用到展览中，就可以利用虚拟设备来进行更加科学的管理，人们可以直接深入到作品中，和作品进行交流和对话。VR 技术在艺术设计中的应用，为人们提供了全新的观展方式，实现了人机交互。

通过以上分析可知，VR 技术在艺术设计中具有重要的作用，能够更好诠释艺术，让艺术表现形式更加丰富多彩、直观生动，能带给人们更好的视觉感受，让人们获得真实的多感官体验，实现人与艺术作品的交流沟通。创作者能更加便捷地进行艺术设计，可以进入虚拟的三维空间来进行创作，能更好地抓住灵感，创作出更优秀的艺术作品。

三、VR 技术在园林景观设计中的应用

VR 技术主要由四部分组成，即虚拟环境建模技术、实时三维图像生成技术、交互技术、系统集成技术。虚拟环境建模技术在园林景观设计中的应用，主要体现在场景的构建过程中，主要使用的手段为 CAD，一般用于模型构建以及场景平面图的绘制。实时三维图像生成技术在园林景观设计中的应用，主要体现在数据的合理应用方面，因为在进行情景模拟过程中，较大规模的园林景观设计需要大量数据的支持，因此需要高性能的计算机。实时三维图像生成技术在园林景观设计中的应用体现在，它可以保留设计图案与场景，而不受场景复杂性的影响。交互技术在园林景观设计中的应用，体现在园林景观设计要不断提升其交互性，有效解决问题。系统集成技术在园林景观设计中的应用范围广泛，包括数据转换、管理技术、信息同步技术、模型的标定技术以及识别合成技术等。

（一）VR 技术在园林景观设计中的应用意义

1.真实体验最终的效果

园林造景对于环境变化的要求较高，与周边景物关联性较强。基于此，在园林景观施工之前，需要对竣工后的环境进行分析。一般情况下，设计者在展示最终的效果时，通常运用漫游动画、三维效果图、沙盘等方法，将最终的效果展示给相关人员。虽然当前这些展示方式有着自身独特的优势，并且能达到

展示的效果，但仍然存在一定的局限，比如无法从参观者的视角进行分析，难以对其进行全方位的观察和理解等。而 VR 技术的应用，有效地弥补了传统展示方式中存在的缺陷和不足，解决了其存在的问题。相关人员借助 VR 技术，可从不同角度对设计效果进行观察，身临其境，能够充分理解设计者的创作情感及最终的设计意图，带给人们更真实的体验。

2.便于对不同方案进行比较和修改

设计者在设计园林景观时，针对不同的景观会提出不同的设计方案。尤其对于景观未来的景象，设计者更是进行了多种设想。从传统的设计角度来看，设计者往往会绘制多幅效果图，当决策者提出相应的修改意见后，设计者会根据其提出的要求做出相应的修改，但决策者无法看到修改后的效果，在这种情况下，决策者也不能现场对其进行比较。而 VR 技术在设计中的应用能方便地切换多种方案，使决策者同时在一个观察点感受不同的园林景观效果，这有助于决策者比较不同方案的特点与不足，使最终的决策更加科学、合理。

3.节省人力、物力、财力

在园林景观设计的实际工作中，决策者、施工单位及设计者相隔甚远，而彼此之间的相互交流必然会影响最终的设计效果。在传统的园林景观建设过程中，设计者、决策者、施工单位的沟通会浪费大量的时间，同时也会造成人力、物力、财力的浪费。应用 VR 技术后，施工单位与决策者可以通过万维网对设计效果进行浏览，不但满足了他们的决策需求，还保证了最终的设计质量，更主要的是节约了大量的人力、物力、财力。

（二）VR 技术在园林景观设计中的应用优势

VR 技术在园林景观设计中的应用优势主要体现在以下几个方面。

1.利用虚拟技术协助项目方案制作

在应用 VR 技术的基础上，设计师可以深化人机交互功能在多维模拟场景中的运用，并且可以任意地制订观察以及体验计划，从而让设计具备直观性，使受众亲自感受各种设计是否合理，从而对多种解决方案进行详细的分析及比较，以便及时地发现存在的问题并采取有针对性的措施，防止重大设计错误的出现。身临其境的体验可以进一步激发设计师的设计灵感，并使其设计思维更加活跃。

2.利用多维全景图以及实时交互来展示方案

在应用 VR 技术的基础上，观众可以按照自身意愿从多个角度对该园林景观进行实时观察，通过各种感官（如听觉、触觉、视觉、味觉等）全身心地进行体验，还可以利用网络让更多的人"云"游园林景观。

3.提升公众参与度

VR 技术可以保障公众参与其中，并在平台上进行交流。公众可以利用直观的体验来对设计方案进行评估，并提出一定的意见，从而成为园林景观设计的参与者。

4.模拟施工的具体过程

VR 技术可以对园林景观建设的具体过程进行模拟，以进一步判断其施工方案是否科学，从而判断整个项目的建设进度是否合理，进一步调整施工方案，保障施工方案的可操作性，有效减少施工过程中的安全隐患，最终实现施工过程的可视化。

5.有效降低成本

VR 技术的应用具有非常大的优势，有助于减少打印费用，降低制作模型、动画等方面的成本。各方参与者可以在网络平台上实现互动及沟通，进而减少时间成本。

（三）VR 技术在园林景观设计中的具体应用

1.策划阶段的可行性分析

VR 技术对园林景观设计初期阶段的可行性分析起到了重要作用，一般情况下，景观设计的第一步是对周围的环境进行详细调查，包括气候、水文、地形等自然条件，以及历史文化、交通运输条件等。只有充分把握景观设计的条件，才能明确景观的定位、形式，全面地评估施工条件、工期等。VR 技术在处理信息和数据收集方面具有很大的优势，在园林设计前期可以对业主提出的项目要求进行分析。

首先，确定设计现场的条件，从地形地貌、气候水文、绿化环境、建筑高度、设施位置、工程投资、时间周期等方面进行分析，把设计中可能出现的问题和难题展示出来，虽然该阶段主要偏重分析，但其关系着后续设计与施工的各个环节。其次，借助 VR 技术，可综合运用数据信息处理技术及网络并行技术，进行全方位的图纸设计，使设计更加科学、合理。

2.初期的概念设计

设计初期的概念设计是园林景观设计的关键，但是概念设计没有方案设计那么具体，也不能通过图纸表现具体的设计内容，传统的概念设计几乎无法通过技术手段完成。合理地利用 VR 技术中的沉浸和交互功能，可以在一定程度上帮助设计师生成概念和思维模型。

在设计现场，设计师可以利用 VR 技术，通过前期的调研数据建立概念模型，并对概念模型进行评估和分析，打破在图纸上进行设计的局限性，而且避免了模型与环境脱节。此时，由于创作团队的设计还处于比较模糊的阶段，如果利用 VR 技术的沉浸交互功能，对创作的概念模型进行多视角、全方位的研讨以及实时、动态分析，就能够使设计师的思维时刻处于活跃状态，产生更有创意的设计理念。设计师可快速地将这些初期的概念信息输入计算机，便于保存转瞬即逝的创作灵感。

一些抽象的创作灵感和想法，还未形成直观的图形表现，所以无法实现与其他园林元素的结合，除非通过绘图手段去探索这一表现形式或空间构成，而VR 技术的应用，恰好能帮助人们借助计算机的虚拟功能，将抽象的创作灵感与园林景观相关元素的结合效果表现出来，并通过自动生成造型模型为设计师提供新的设计思路。

3.中期的主体构思

VR 技术还能在三维甚至多维空间展示其强大的功能，对园林景观设计的主体构思及发展起到巨大的促进作用。虚拟技术可以让设计师的抽象思维转化为实际的场景，同时也可以打破常规方法的限制，让园林空间构思具体化。

在利用 VR 技术进行项目的可行性分析后，可根据初期的基本构思，确定设计的总体定位、风格表现，从可持续发展和生态文明建设的角度将经济效益和社会效益结合起来，制定合理、清晰的设计流程。设计师可借助计算机辅助设计软件将构思表现出来，也可以生成三维模型，对整个园林景观设计进行总体把握，使设计更加科学。

园林景观设计的主题构思内容丰富，形式多样，是文化历史、资源条件、空间环境、季节时间、社会因素等的综合体现。园林景观设计最重要的手段就是景观表现手法，通过虚拟环境、虚拟图形和实时图像，充分表达景观的多维空间。在设计过程中，设计师一般会提出多种设计方案，对园林景观进行多种方式的构想，借助 VR 技术，设计师可以实时地按照需要以同样的角度、在同样的时间对几种不同的设计方案进行切换。例如，在场景的东南面新建一个茶室，随着设计创作团队设计的深入，可把中式的禅意风格、日式的柔和风格、田园的自然风格和欧式的温馨风格整合到一个场景中，对多种方案进行对比。

随着设计的深入，设计师需要对方案中的具体园林元素进行设计，从雕塑到水体、从植被到铺装，虽然这些元素是静止的，但是游人对其的感知却处于变化之中。同样一棵造型树，从远处看、从近处看和在树下看都会产生截然不同的效果，借助 VR 技术能进行全方位、多维度的模拟感知，有利于优化空间设计构思。

4.后期的设计优化

风景园林设计创作团队都是从总体到局部进行构思和创作的，所以有些设计师会在后期的构思和创作中进行修改，这会对前期的设计产生影响，按照传统的设计方法，又要对总体的构思进行修改，修改之后，在创作过程中又会发现新的问题，然后又要去解决新的问题，如此反复，大大增加了工作量。应用

VR 技术后，设计师在后期的设计中可以进行技术性的评估，以便在沟通和交流的过程中展示系统和细节之间的关系，做到同步修改。VR 技术可对设计效果进行全景展示，设计师和业主可以第一视觉深入每一个场景，实时感受设计效果并及时进行反馈，这有利于优化后期的设计。

5.施工的辅助指导

在园林施工阶段，可以利用虚拟模型完成虚拟施工，对于一些复杂工程，技术员可通过虚拟施工来论证项目的科学性和合理性，还能预测项目施工过程中存在的风险，及时制订风险控制方案，从而确保项目工程顺利进行。在传统的园林施工阶段，参与人员基本上都是完全按照设计方提供的图纸和施工方多年的施工经验制订工程实施方案，往往容易出现一些漏洞和不足，从而影响工程的质量和整体进度。

利用 VR 技术，可借助虚拟仿真平台和模型把所有施工环节的资料和现场的环境结合起来，生成虚拟模型，验证整个过程和方案的可行性和科学性，并且在修正的过程中，设计师能直观地看到细微的调整对其他环节与整体施工进程的影响，做到"心中一盘棋"。有时候，面对复杂的土建及建筑施工，设计师可利用虚拟模型模拟工程部件与结构的关系，或者借助仿真技术从多种设计方案中寻求最优方案。施工人员可利用虚拟模型对复杂的建筑结构及施工部件进行精准处理，掌握施工过程中的重点和难点，避免发生事故。

6.园林设计的其他方面

园林设计现在都注重"以人为本，天人合一"的设计理念，所以在设计过程中，除设计师、业主外，还会邀请公众参与，这样设计出的方案才会更加科学、合理和完善。让公众参与的目的主要是让项目的相关人员都拥有参与和决策的权利，避免设计师因为个人喜好、专业背景、学历层次、设计理念而陷入自我陶醉的设计状态。

传统的座谈会显得太局促，问卷调查层次太低，利用 VR 技术就能很好地解决这一问题。借助 VR 技术，能让公众有机会进入复杂的园林空间中，以游人参观游览的方式，了解园林景观各个方面的情况，并根据自己的感受提出具有代表性和参考价值的意见和建议。当然，要实现公众的参与，除创建虚拟的园林场景外，还要完善公众意见输入渠道，让更多的人参与进来。

第三节　可持续现代园林景观
规划中功能景观理念的运用

一、功能景观的定义

园林景观主要是由"硬质"景观和"软质"景观两部分共同构成的，包括旨在增强园林工程美观性、艺术观赏性的人造景观或自然景观。其中，"软质"景观主要是指自然形成的景观，以及园林工程周边天然形成的生态环境，如小溪、绿化植物等；"硬质"景观则指人为修建的园林景观，如人为铺设的石板，建筑墙体，园林景观的围护栏杆等。概括来说，园林景观本质上是具备自然属性和社会属性，具有一定的观赏价值、社会文化内涵、自然可感因素以及独特的空间形态，但又没有脱离原有地理实体的景观。而功能景观则是指在园林景观的基础上赋予园林景观以明确、具体的功能模块。将园林工程划分为多个园林景观，不同景观承担着具体的职责，与周边环境中的物质、信息等进行交换，产生多元化变化，从而重点突出园林景观某一方面的特点。因此，应在不同功能景观的融合中，共同构建基于可持续发展理念的园林工程。

二、可持续园林景观规划中运用功能景观理念的作用

随着经济发展以及人们生活水平的日益提高，生态资源却日益短缺，促使人们构造一定的功能景观，以满足人们的审美需求。在可持续园林景观规划中运用功能景观理念的作用主要有以下几点。

（一）促进园林景观的可持续发展

功能景观理念是在传统理论体系的基础上发展起来的，该理论强调将社会因素和自然环境结合在一起，让人们的生活环境与园林景观相统一。在景观园林规划中，可将文化景观与自然景观结合在一起，以跨学科的方式在人类社会学和自然科学之间建立有机联系，充分发挥园林景观的作用，在人们和园林景观之间建立一座沟通的桥梁，从整体上促进园林景观的可持续发展。

（二）实现园林景观的多层次规划

功能景观设计包括多个层次的内容。在现实生活中，各个地区的文化习俗、经济发展状况和自然条件各不相同，使得各个地区的园林景观各具特色，并且从整体来看，各个地区园林景观的发展层次也不相同，它们都有各自的规划发展特点。因此，在运用功能景观理念的过程中，可结合园林景观的多层次规划特点，让园林景观的规划层次更加分明，以此凸显不同景观因素的不同特点。

（三）使园林景观规划与人类社会发展有机结合

随着社会的发展，人们对景观这一理念有了进一步的了解，功能景观理念也逐渐得到人们的认可，因此园林景观规划与人类社会发展的有机结合，是景观发展规划的必然趋势。设计师在进行园林景观规划时，要重视园林景观的功能性，将园林景观规划与人类社会发展相结合，使园林景观规划符合自然发展

规律。设计师应不断丰富功能景观的内涵,使园林景观在一定程度上体现社会发展的态势,并将社会实践与园林景观规划结合在一起,同时加深人们对社会发展变化的认识,使功能景观理念得到充分发展,促进园林景观的可持续发展。

三、可持续园林景观规划中功能景观理念的运用策略

(一)灵活运用多功能景观理念

对可持续园林景观来说,自身的主题往往代表着自身景观的风格与设计理念,不同的主题会给人们带来不一样的理念,进而为人们提供良好的观赏景观。相对来说,受地域文化的影响,人们的生活方式、风俗习惯各不相同,因此人们欣赏事物的角度也会不同,进而形成了可持续园林景观的不同主题风格,也体现了园林景观的区域文化特征。

实际上,不同的园林景观,无论是在风格上、形式上,还是在文化特点上,均会存在一定的差异。因此,在功能景观理念的应用过程中,设计师应把握景观设计的思想和方向并灵活加以运用,从而实现功能与理念的完美结合,在此基础上,促进我国园林景观的可持续发展。

在可持续景观设计过程中,应结合景观自身的性质,在规划前明确园林景观的主题,并以主题为基础合理地进行设计,逐渐细化主题风格。在不断优化设计的过程中,要让园林景观在整体上具备独特的观赏价值。同时,要以功能景观为载体,传递景观自身蕴含的文化信息,让人们在观赏过程中感受当地的文化习俗等。

(二)以可持续发展理念为基础

在园林景观设计过程中,不仅要展现景观的文化特点,还要让景观具备良好的互动性,实现与观赏者的良性互动,进而最大程度地发挥园林景观的作用,

给观赏者留下深刻的印象。因此，在可持续发展园林景观设计与规划过程中，设计师应灵活应用多功能景观理念，并以可持续发展理念为基础，进行有效的景观互动设计，满足人们的实际需求。

在实际的景观设计过程中，设计师应将可持续园林景观与人们的日常生活联系起来，进行合理的设计，凸显"景"与"观"这两个核心概念，进而在实际观赏过程中加深观赏者对景色的理解，让观赏者更好地感受园林景观的设计理念及其蕴含的文化意义，从而实现观赏者与景观的互动，发挥可持续园林景观的作用。在不断发展的过程中，要逐渐完善园林景观设计理念，提升我国可持续园林景观设计水平。

现阶段，功能景观理念逐渐得到应用，原有的狭义的功能景观理念不断延伸，其内涵也不断丰富。例如，在园林景观设计过程中，注重空间与区域之间的关系，为人们营造良好的视觉空间，将景观以特定的空间形式进行排列组合，并将其与自然元素进行合理的结合，供人们观赏。园林景观的观赏点与景物之间的距离应符合当前的标准。表 6-1 所示为现阶段大型园林景观视距。

表 6-1　现阶段大型园林景观视距

景观观赏情况	视距（m）
看清主体中单体建筑	200 以内
看清单体建筑轮廓	200～400
识别建筑外形	400～1 000

（三）合理规划园林景观的生态环境

就园林景观来说，其自身的设计理念影响着行业的发展方向。在可持续发展园林设计过程中，设计人员应合理地进行分析与规划，以现阶段的自然规律和生态平衡发展理念为基础进行设计，保证园林景观整体的和谐性；同时运用功能景观理念，促使其不断发展。受区域自身性质影响，一些园林景观具有明显的生态特征，也正是由于该特征的存在，使得园林景观具备可持续发展的特点。例如，在苏州，受该区域自身区域特征的影响，整体的环境给人一种"诗情画意"的感觉。因此，在该区域可持续发展园林景观设计过程中，要始终以"诗情画意"为背景，向观赏者展示具有区域特色的苏州园林景观，进而满足观赏者的需求。

次序特征的形成，主要是以可持续发展的园林景观为基础，在不断发展过程中，要将精神文明和地域文化融入景观中，展现出独特的次序性，形成独特的风景特点。例如，在浙江的三门县城，其园林景观具有独特的景观布局，该地园林景观利用自身的地理位置优势使景观与建筑融合在一起，并合理利用地形进行设计，力求满足人们的实际需求。这种设计理念体现了独特的区域文化特点，获得了良好的视觉效果，为人们提供了良好的观赏景观。在该景观中，其视距符合标准的景观高度视距倍数。标准的景观高度视距倍数如表 6-2 所示。

表 6-2　标准的景观高度视距倍数

景观	倍数
大型景观	景物高度 3.5 倍
小型景观	景物高度 3 倍
广场景观	园林建筑的 2～3 倍

（四）使景观与人类发展相结合

可持续发展园林景观与生态平衡存在明显的关联性。在进行园林景观设计时，相关设计人员应将现阶段的景观设计与人类发展相结合，在不断发展过程中，促使人类与生态系统和谐相处。尤其是在当前的时代背景下，功能景观理念应实现创新性发展。自然景观与社会发展相结合是未来发展的主要趋势。例如，某设计师在设计过程中，以现阶段的景观功能性理念为基础，并以符合生态环境发展要求为前提，对园林景观进行设计，使其在供观赏者观赏的过程中，让人们明白生态平衡的重要性，进而促使人们在生活中提升自身的综合素养，形成保护环境的理念，自觉维护生态平衡。

随着经济和人类社会的发展，资源日益短缺，这促使人类构造功能景观，而要构造功能景观，就必须先了解和熟悉功能景观的理念、特征和功能。与此同时，还要保证园林景观的可持续发展。总之，园林景观规划要在对景观进行生态保护的前提下进行，尽量不影响生态环境、不造成破坏。在可持续发展园林景观规划中，要充分发挥功能景观的作用，促进园林景观的可持续发展。

参 考 文 献

[1] 艾静. 风景园林规划设计中的创新思维探究[J]. 南方农业, 2020, 14 (6): 45-46.

[2] 蔡胤凝. 城市时代下的风景园林规划与设计[J]. 现代园艺, 2019 (7): 130-131.

[3] 曹加杰, 傅剑玮. 风景园林专业"生态景观规划与设计"课程教学改革探讨[J]. 江苏科技信息, 2020, 37 (31): 69-73.

[4] 曾繁旭. 风景园林规划与设计中乡村景观的应用探讨[J]. 科技创新导报, 2019, 16 (13): 145-146.

[5] 陈东焱. 乡村景观在风景园林规划与设计中的运用[J]. 地产, 2019 (13): 44.

[6] 褚玥. 论乡村景观在风景园林规划设计中的融入[J]. 建材与装饰, 2019 (23): 118-119.

[7] 代胜. 乡村景观在风景园林规划与设计中的意义初探[J]. 花卉, 2020 (6): 109-110.

[8] 董璟. 风景园林规划设计中园林道路的探究[J]. 建材与装饰, 2019 (36): 113-114.

[9] 付翔宇. 风景园林规划与设计中乡村景观的融入策略[J]. 大观, 2021 (1): 39-40.

[10] 高飞, 司道光, 张兴, 等. PBL导向下的风景园林规划与设计课程"赛教融合"创新教学模式研究[J]. 教育观察, 2022, 11 (35): 74-76+83.

[11] 郭晓华, 车亚丽, 葛旭阳. 基于文化自信的风景园林专业课程思政建设路径探究: 以风景园林规划与设计课程为例[J]. 智慧农业导刊, 2022, 2

（22）：111-113.

[12] 何春丹，陈忠良，梁健.乡村景观在风景园林规划与设计中的意义[J].建材与装饰，2019（14）：109-110.

[13] 侯佳.浅议乡村景观在风景园林规划设计中的融入[J].明日风尚，2021（12）：103-105.

[14] 胡志杰，林毅颖，常博文.基于场地风貌保护视野下的乡村风景园林规划设计探究[J].建材与装饰，2020（1）：82-83.

[15] 黄鹂，韩博，王丽，等.浅析"互联网＋"教育模式下《风景园林规划与设计》课程教学改革研究[J].中外企业家，2019（2）：180-181.

[16] 江学思.乡村景观在风景园林规划与设计中的意义[J].建材与装饰，2019（36）：80-81.

[17] 李敏稚，黄子贤.国土空间规划背景下 PPGIS 在风景园林规划与设计的应用初探[J].广东园林，2021，43（5）：66-71.

[18] 李敏稚，尉文婕.基于城市设计视野的风景园林研究生规划与设计教学探究[J].中国建筑教育，2019（2）：60-68.

[19] 李小蒙.乡村景观在风景园林规划与设计中的意义[J].城市建筑，2022，19（10）：196-198.

[20] 李洋，康舒萍.乡村景观在风景园林规划设计中的融入[J].居舍，2019（11）：119.

[21] 李治，牛娜.乡村景观在风景园林规划设计中的融入研究[J].花卉，2018（18）：155-156.

[22] 林诗雨.中国现代风景园林规划设计的知识更新研究：以教材为中心的考察[D].武汉：华中科技大学，2021.

[23] 刘方肖.乡村景观在风景园林规划设计中的融入分析[J].南方农机，2020，51（6）：223.

[24] 刘伦波.浅析乡村景观在风景园林规划与设计中的融入[J].居舍，2020（26）：123-124+95.

[25] 刘霞.乡村景观在风景园林规划设计中的应用[J].花卉，2020（12）：113-
114.

[26] 刘雄飞.风景园林规划设计中的地域特征微探[J].建材与装饰，2020
（20）：90+94.

[27] 刘炫圻.浅析我国传统和现代风景园林规划与设计[J].种子科技，2020，
38（14）：107-108.

[28] 刘颖.乡村景观在风景园林规划与设计中的应用[J].现代园艺，2020，43
（18）：60-61.

[29] 罗佩.契合地域特色的风景园林规划与设计原理课程改革[J].科技风，
2020（21）：54.

[30] 罗倬.论述风景园林规划设计中的创新思维[J].农村科学实验，2018
（14）：76-77.

[31] 阮凌喧.乡村景观在风景园林规划与设计中的应用[J].现代园艺，2019
（19）：117-118.

[32] 宋伯年.乡村景观在风景园林规划设计中的融入探究[J].南方农业，
2020，14（26）：50-51.

[33] 苏丹.乡村景观在城市风景园林规划与设计中的应用研究[J].农民致富
之友，2018（19）：175.

[34] 苏宁.探讨乡村景观在风景园林规划与设计中的意义[J].绿色环保建材，
2021（6）：185-186.

[35] 唐乐尧，陈开科.乡村景观融入风景园林规划与设计中的思考[J].美与时
代（城市版），2022（12）：44-46.

[36] 汪梦莹.VR+风景园林规划与设计研究[J].现代园艺，2018（17）：137-138.

[37] 王静文，徐文辉.乡村景观在风景园林规划设计中的融入探究[J].南方农
业，2020，14（18）：51-52.

[38] 王龙.叠图法在风景园林规划设计中的技术机制及有效性研究[D].西安：
西安建筑科技大学，2019.

[39] 王璇.城市风景园林规划设计中的地域特征探究[J].现代园艺，2018（14）：87.

[40] 王雨彤.地域特点在风景园林规划设计中的应用分析[J].现代园艺，2021，44（8）：98-99.

[41] 王哲.乡村景观在风景园林规划设计中的融入路径及意义分析[J].鞋类工艺与设计，2021（9）：82-84.

[42] 吴登.风景园林规划与设计中乡村景观的融入[J].居舍，2019（14）：110.

[43] 吴晓淇，王胜男.中国山水画理论下的风景园林规划设计教育与教学：以中国美术学院为例[J].中国园林，2022，38（12）：42-46.

[44] 吴月淼.乡村景观在风景园林规划与设计中的应用[J].当代旅游，2019（12）：346.

[45] 于笑寒.乡村景观在风景园林规划设计中的融入[J].现代园艺，2020，43（21）：138-139.

[46] 余俏.大尺度风景园林规划与设计课程教学改革探索[J].高教学刊，2022，8（5）：84-88+93.

[47] 余赞军.景观生态格局在风景园林规划与设计中的意义分析[J].花卉，2018（8）：144.

[48] 袁旸洋，成玉宁.过程、逻辑与模型：参数化风景园林规划设计解析[J].中国园林，2018，34（10）：77-82.

[49] 岳忙芳.虚拟现实（VR）技术在风景园林规划与设计中的应用研究[J].工程建设与设计，2021（2）：163-164.

[50] 张洪祥.风景园林规划设计中的地域特征的探讨[J].花卉，2019（20）：151.

[51] 张洪祥.风景园林中植物景观规划设计与创新：评《园林植物景观规划与设计》[J].植物学报，2020，55（6）：805.

[52] 张剑.风景园林规划设计中地域特征刍议[J].现代园艺，2018（8）：75-76.

[53] 张俊杰，罗融融，董莉莉，等."风景园林规划与设计1"教学改革探索：

以重庆交通大学为例[J].设计艺术研究，2022，12（5）：104-108.

[54] 张敏.乡村景观在风景园林规划设计中的融入[J].建材与装饰，2018
（37）：68.

[55] 张胜.基于 GIS 应用的风景园林规划与设计研究[J].城市住宅，2020，27
（2）：189-190.

[56] 张阳.乡村景观在风景园林规划与设计中的意义[J].花卉，2018（20）：
87-88.

[57] 赵艳.TOD 模式下的风景园林规划设计趋势探讨[J].居舍，2020（21）：
118-119.

[58] 钟艳，吴劭鹏.风景园林规划设计理论研究：评《风景园林规划设计》[J].
中国瓜菜，2021，34（2）：103.

[59] 朱莉莎.基于城乡规划专业《风景园林规划与设计》课程教学实践的思考
[J].当代教育实践与教学研究，2019（16）：149-150.

[60] 祝自东.浅谈风景园林规划与设计中乡村景观的融入[J].农村经济与科
技，2019，30（19）：265-266.